머리말

이 책은 일반기계기사, 건설기계설비기사·산업기사 실기시험의 필답형 대비서로서,
저자의 오랜 강의와 실무 경험에서 얻은 지식을 바탕으로 최단시간 내에
시험을 준비 할 수 있도록 가장 핵심이 되는 내용만을
간략하게 요점 정리한 것입니다.

따라서 개념 파악에 도움이 되는 필수예제와 과년도 출제문제를 위주로 구성하였고,
각 과목별 공식 모음을 뒷부분에 부록으로 실어 실전에 대비 할 수 있도록 했으며,
과년도 출제 문제는 예상문제에 모두 포함했습니다.

최선을 다했으나 미흡한 부분이 없지 않을 것입니다.
의문사항이나 조언 등은 hongkirl@naver.com으로 보내주시면
즉시 답변해 드리겠습니다.

끝으로 이 책을 공부하는 수험생들과 모든 이들에게 좋은 성과가 있기를 바라며,
이 책이 출판되기까지 많은 도움을 주신 모든 분들과 도서출판 한필 직원들에게
감사의 뜻을 전합니다.

한 홍 걸

아래 사항은 필답형 시험 『수험자 유의사항』을 준수하지 않아
발생한 실제 사례입니다.

아래 내용을 숙지하시어 답안 작성에 착오 없으시길 바랍니다.

답안 작성 관련 사항

필답형 실기 시험 답안은 반드시 흑색 또는 청색의 한 가지 색상의 필기구만
사용하여 작성해야 하며, 정정은 두 줄을 그어 표시합니다.

☯ 잘못된 답안 작성 사례 (해당문제 0점 처리)

- ◆ 유색펜(빨간색, 녹색 등) 및 연필 사용
- ◆ 2가지 이상의 색 혼합 사용
- ◆ 답란에 불필요한 낙서 및 특이사항 기록
- ◆ 계산식은 연필로 답안은 볼펜 기재
- ◆ 답안 수정 시 두 줄을 긋지 않고 이어서 답안 작성

계산 문제 관련 사항

계산 문제의 경우 계산식(과정)과 답이 모두 맞아야 정답으로 인정되며
일부만 맞은 경우에 부분점수가 인정되지 않으니 오해 없으시길 바랍니다.

정답으로 인정되지 않는 사례

- ◆ (단순 이기 착오 및 실수 등으로 인해) 계산식은 틀리고 답은 맞은 경우 또는 계산식은 맞고 답은 틀린 경우
- ◆ 계산식과 답이 모두 맞았지만 단위를 누락하거나 틀린 단위를 기재한 경우 (단, 문제에 단위가 주어진 경우는 단위를 누락해도 무방함)
- ◆ 최종 결과값 소수 셋째 자리에서 반올림하여 둘째 자리까지 구하지 않은 경우
- ◆ 문제 특성상 정수로 표기하는 문제에서 소수로 표시한 경우

부분 점수 관련 사항

부분 점수는 개별 문제마다 별도의 채점 기준에 의거하여 부여되므로,

수험자 개인의 기준에 따라 가 채점한 경우 실제 점수와 차이가 있을 수 있습니다.

문제에서 요구한 가짓수 이상을 기재해도 요구한 가짓수까지만 채점하며,

정답과 오답이 함께 기재된 경우에는 오답으로 처리합니다.

부분 점수 관련 사항

필기 시험과는 달리 필답형 실기 시험의 경우 문제 및 답안(지),

채점기준으로 비공개로 일체 공개하지 않습니다.

아울러 과제별 · 문제별 세부 점수내역 공개가 불가하오니 이 점 양해 바랍니다.

제 1 장 설계실기의 기본사항

제 1-1 장 재료역학 ·· 3

제 1-2 장 열역학 ·· 14

제 1-3 장 유체역학 ·· 15

◐ 필답형 시험예시 ··· 16

제 2 장 마찰차

제 2-1 장 외접 마찰차 (반대 방향 회전) ·· 23

제 2-2 장 내접 마찰차 (같은 방향 회전) ·· 24

제 2-3 장 홈 마찰차 ·· 24

제 2-4 장 원추 마찰차 ·· 25

제 2-5 장 무단 변속장치 ·· 27

◐ 예상문제 ··· 29

제 3 장 축 (shaft)

제 3-1 장 축지름의 설계 ·· 39

제 3-2 장 열역학 ·· 40

◐ 예상문제 ··· 43

제 4 장 키, 핀, 코터

제 4-1 장 키 ·· 51

제 4-2 장 스플라인 키 ··· 52

제 4-3 장 핀 ·· 53

● 예상문제 ·· 54

제 5 장 베어링

제 5-1 장 구름 베어링 (Rolling Bearing) ·· 65

제 5-2 장 미끄럼 베어링 (Sliding Bearing) ··· 68

● 예상문제 ·· 72

제 6 장 커플링

제 6-1 장 커플링 ··· 83

제 6-2 장 유니버셜 이음 ··· 85

제 6-3 장 클러치 ··· 85

● 예상문제 ·· 89

제 7 장 리벳이음

제 7-1 장   리벳이음의 강도 ·· 99

제 7-2 장   리벳의 지름과 피치의 크기 ························ 100

제 7-3 장   효율 (η) ·· 101

제 7-4 장   편심하중을 받는 리벳이음 ························ 102

◎ 예상문제 ··· 104

제 8 장 용접이음

제 8-1 장   용접이음의 강도 ·· 115

◎ 예상문제 ··· 119

제 9 장 나 사

제 9-1 장   나사의 역학 ·· 125

제 9-2 장   볼 트 ·· 126

◎ 예상문제 ··· 130

제 10 장 스프링

제 10-1 장 스프링 ··· 139

제 10-2 장 스프링의 휨과 하중 ·· 140

제 10-3 장 판 스프링의 설계 ·· 142

◐ 예상문제 ·· 143

제 11 장 나 사

제 11-1 장 벨트 전동 ··· 149

제 11-2 장 체인 전동 ··· 155

◐ 예상문제 ·· 157

제 12 장 기어 전동장치

제 12-1 장 기어의 각부 명칭 ·· 177

제 12-2 장 스퍼 기어 ··· 179

제 12-3 장 전위 기어 ··· 183

제 12-4 장 베벨 기어 ··· 184

제 12-5 장 헬리컬 기어 ·· 185

제 12-6 장 웜과 웜 기어 (감속을 크게 할 때) ····························· 187

◐ 예상문제 ·· 188

제 13 장 브레이크

제 13-1 장 블록 브레이크 ··· 207

제 13-2 장 블록 브레이크의 용량 ·· 208

제 13-3 장 내확 브레이크 (Expansion Brake) ······················ 209

제 13-4 장 밴드 브레이크 ··· 211

제 13-5 장 브레이크 용량 ··· 213

제 13-6 장 플라이 휠 ·· 214

● 예상문제 ··· 215

제 14 장 자유도 및 PERT&CPM

제 14-1 장 자유도 (F) ··· 227

제 14-2 장 PERT / CPM ·· 229

부록 I 핵심기출문제 ··· 255

부록 II 공식 모음 ·· 279

○ ENGINEER CONSTRUCTION EQUIPMENT

제 1 장

설계실기의 기본사항

1-1 재료역학
1-2 열역학
1-3 유체역학

제 1 장

필답형 설계실기에서는 재료역학, 열역학, 유체역학의 기본공식을 암기하여 적용하여야 하므로 본 장에서는 문제풀이 시 필요한 공식의 예제문제를 주어 정리하도록 하였다.

[제 1-1 장] 재료역학

예제문제 01

다음의 그림에서 인장응력과 전단응력을 나타내어라.

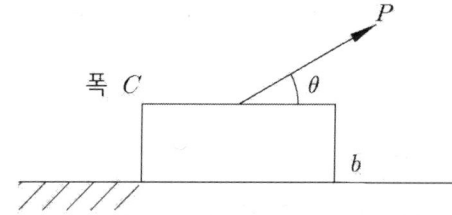

해설 잘리는 면을 기준으로 좌표를 선정하여 가상단면을 잡으면

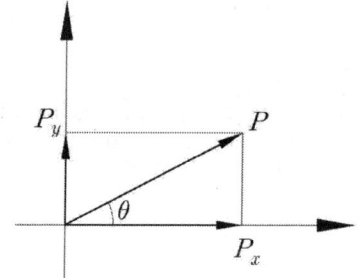

$$P_x = P\cos\theta \quad P_x = \sin\theta$$

$$\sigma = \frac{P_y}{A} = \frac{P\sin\theta}{ac} \text{(면과 힘의 각도는 90°)}$$

$$\tau = \frac{P_x}{A} = \frac{P\cos\theta}{ac} \text{(면과 힘은 같은 방향)}$$

3

예제문제 02

전단강도가 4000Pa인 연강판에 직경 2cm의 구멍을 펀치로 뚫고자 한다.
펀치의 압축강도를 12000Pa이라 하면 구멍을 뚫을 수 있는 판의 두께는 얼마인가?

해설

$$\sigma = \frac{4W}{\pi d^2} \quad \tau = \frac{W}{\pi dt}$$

$\sigma = 3\tau$ 이므로

$$\frac{4W}{\pi d^2} = 3\frac{W}{\pi dt}$$

$$t = \frac{3}{4}d = \frac{3}{4} \times 2 = 1.5 cm$$

예제문제 03

지름이 2cm이고 길이가 2m인 원형단면 연강봉에 500kN의 인장하중이 작용하여 길이가 1.5cm 늘어났다. 이 봉의 탄성계수는 몇 GPa인가?

해설

$$\delta = \frac{Pl}{AE}$$

$$E = \frac{Pl}{A\delta} = \frac{4Pl}{\pi d^2 \delta} = \frac{4 \times 500 \times 10^3 \times 2}{\pi \times 0.02^2 \times 1.5 \times 10^{-2}} \times 10^{-9} = 212 GPa$$

예제문제 04

지름 20mm, 길이 1000mm의 연강봉이 300kN의 인장하중을 받을 때 발생하는 신장량의 크기는? (단 $E = 200 GPa$)

해설

$$\delta = \frac{Pl}{AE} = \frac{4 \times 300 \times 10^3}{\pi \times 0.02 \times 200 \times 10^2} = 4.78 \times 10^{-3} = 4.48 mm$$

예제문제 05

그림에 표시한 것처럼 직경 17mm의 펀치(Punch)에서 두께 6mm의 연강판에 구멍을 뚫으려고 한다. 이때 펀치에 작용하는 하중과 그것에 발생하는 응력을 구하여라. (단, 연강판의 전단강도 $\tau = 360 MPa$)

해설

$$\tau = \frac{P}{A}$$

$$P = \tau \cdot A = \tau \cdot \pi d t$$
$$= 360 \times 10^6 \times \pi \times 17 \times 10^{-3} \times 6 \times 10^{-3}$$
$$= 115.4 kN$$

$$\sigma = \frac{4P}{\pi d^2} = \frac{4 \times 115.4 \times 10^3}{\pi \times 0.017^2}$$
$$= 508 MPa$$

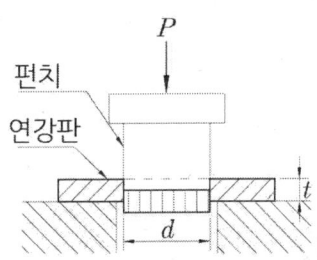

예제문제 06

그림에서 보와 같은 구조물의 AC강선이 받고 있는 힘은 얼마인가?

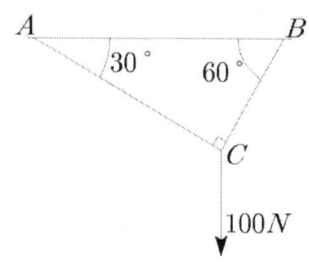

해설

$$\frac{\overline{AC}}{\sin 150} = \frac{100}{\sin 90} = \frac{\overline{BC}}{\sin 120}$$

$$\therefore \overline{AC} = 100 \times \frac{\sin 150}{\sin 90} = 50N$$

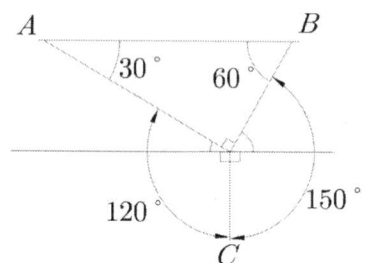

예제문제 07

지름 4.5cm, 길이 115cm의 둥근 축이 있다. 그 양단을 수직 벽에 고정하였다. 온도 증가가 70°C 일 때 벽에 작용하는 힘 P는 몇 MN인가?
(단, 이봉은 온도가 100°C 올라갈 때 1.4mm 늘어나고, 세로 탄성계수 $E = 210\,GPa$이다.)

해설

$$\varepsilon = \frac{\delta}{l} = \frac{0.14}{115} = 1.22 \times 10^{-3}$$

$$\alpha = \frac{\epsilon}{\Delta T} = \frac{1.22 \times 10^{-3}}{100} = 1.22 \times 10^{-5}$$

$\sigma = E\alpha \Delta T$에서

$$P = AE\alpha \Delta T = \frac{\pi \times 0.045^2}{4} \times 210 \times 10^9 \times 1.22 \times 10^{-5} \times 70$$

$$= 285227.9 N = 0.29 MN$$

예제문제 08

내경 25cm, 두께 5mm의 얇은 원통에 내압 1000kPa이 작용할 때 축방향과 원둘레 방향의 응력은 몇 MPa인가?

해설

$$\sigma_{원주} = \frac{PD}{2t} = \frac{1000 \times 10^3 \times 0.25}{2 \times 0.005} = 25\,[MPa]$$

$$\sigma_{원주} = \frac{PD}{4t} = \frac{1000 \times 10^3 \times 0.25}{4 \times 0.005} = 12.5\,MPa$$

예제문제 09

어떤 재료가 $\sigma_x = 30MPa$, $\sigma_y = 20MPa$, $\tau = 20MPa$의 응력이 발생하고 있다면 주응력은?

해설

$$\sigma_{1,2} = \frac{\sigma_x + \sigma_y}{2} \pm \sqrt{\left(\frac{\sigma_x + \sigma_y}{2}\right)^2 + \tau^2}$$

$$= \frac{20+30}{2} \pm \sqrt{\left(\frac{30+20}{2}\right)^2 + 20^2} = 25 \pm 20.6 = 45.6 \text{ 또는 } 4.4$$

예제문제 10

다음 도형의 도심을 구하여라.

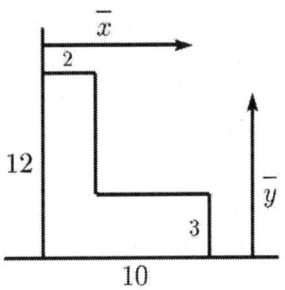

해설

$$\bar{y} = \frac{\sum A\bar{y}}{\sum A}$$

$$= \frac{12 \times 2 \times 6 + 8 \times 3 \times 1.5}{12 \times 2 + 8 \times 3} = 3.75$$

$$\bar{x} = \frac{\sum A\bar{x}}{\sum A}$$

$$= \frac{12 \times 2 \times 1 + 8 \times 3 \times 6}{12 \times 2 + 8 \times 3} = 3.5$$

예제문제 11

바깥지름 $d_2 = 2\,cm$, 안지름 $d_1 = 1\,cm$인 중공 축 단면의 단면 2차 극모멘트 I_p를 구한 값은?

해설
$$I_p = \frac{\pi(d_2^{\,4} - d_1^{\,4})}{32} = \frac{\pi(2^4 - 1^4)}{32} = 1.47\,cm^4$$

예제문제 12

다음 그림과 같은 I 형의 도심축인 x축에 대한 단면계수의 값은 얼마인가?

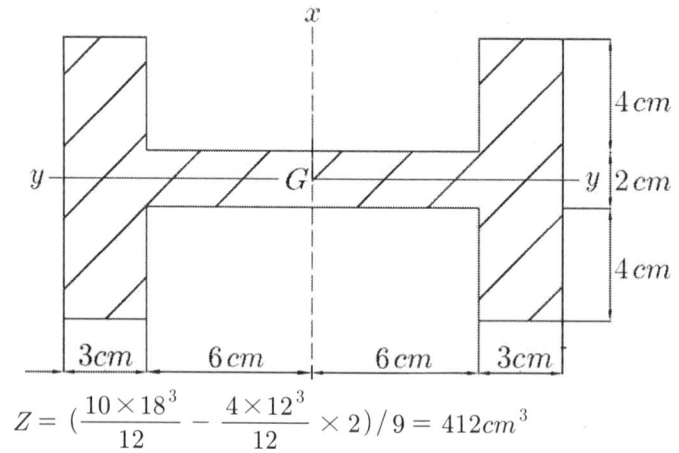

해설
$$Z = \left(\frac{10 \times 18^3}{12} - \frac{4 \times 12^3}{12} \times 2\right)/9 = 412\,cm^3$$

예제문제 13

길이 $314\,mm$, 원형 단면축의 지름이 $40\,mm$일 때 이 축의 끝에 $100\,J$의 비틀림 모멘트를 받는다면 이 때의 비틀림 각은 [°]?
(단, 전단탄성계수 $G = 80\,GPa$이다.)

해설
$$\theta = \frac{Tl}{GI_p}\frac{180}{\pi} = \frac{100 \times 3.14 \times 180 \times 32}{80 \times 10^9 \times \pi \times 0.04^4 \times \pi} = 0.895°$$

예제문제 14

직경이 $6cm$인 축이 길이 $1m$당 $1°$의 비틀림 각이 생기고 매분 300 회전할 때의 전달마력(PS)은? (단, $G=80\,GPa$)

해설

$$\theta = \frac{Tl\,180}{GI_p\pi} \text{ 에서 } T = \frac{\theta GI_p\pi}{180\,l}$$

$$= \frac{1\times 80\times 10^9 \times \pi \times 0.06^4 \times \pi}{180\times 1\times 32} = 1776.53\,J$$

$$T = 716.2\,\frac{PS}{N}\times 9.8 \text{ 에서 } PS = \frac{TN}{716.2\times 9.8}$$

$$= \frac{1776.53\times 300}{716.2\times 9.8} = 75.9\,PS$$

예제문제 15

평균직경 $25cm$, 코일수 10, 소선의 직경 $1.25cm$인 원통형 Coil Spring이 $200\,N$의 압축하중을 받을 때 스프링 상수는? (단, $G=80\,GPa$이다.)

해설

$$P = k\delta \quad \delta = \frac{64nPR^3}{Gd^4}$$

$$k = \frac{Gd^4}{64nR^3} = \frac{80\times 10^9 \times (0.0125)^4}{64\times 10\times (\frac{0.25}{2})^3} = 1562.5\,N/m = 1.563\,kN/m$$

예제문제 16

그림과 같이 양단 고정봉에 비틀림 모멘트 $T=100\,J$를 작용시킬 때, 하중점에서의 비틀림 각을 구하여라.
(단, $G=80\,GPa$, $I_p = 600\,cm^4$ 이다.)(rad)

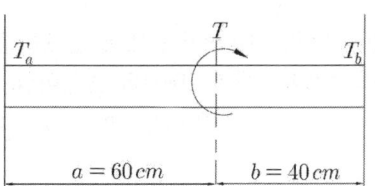

해설

$$T_b = \frac{T\times 60}{a+b} = \frac{100\times 60}{60+40} = 60$$

$$\theta = \frac{T_b \cdot b}{GI_p} = \frac{60\times 0.4}{80\times 10^9 \times 600\times 10^{-8}} = 5\times 10^{-5}\,rad$$

예제문제 17

그림과 같은 보의 지점반력 R_A 및 R_B를 구하여라.

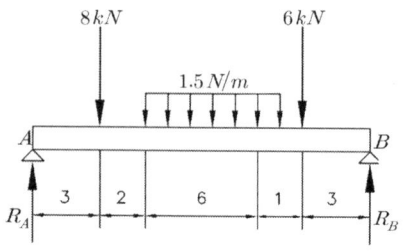

해 설

$R_A = [(6000 \times 3 + 1.5 \times 6 \times 7 + 8000 \times 12)/15] \times 10^{-3} = 7.6\,kN$

$R_B = 6404.8\,kN = 6.4\,kN$

예제문제 18

그림과 같은 높이 30cm, 너비 20cm의 구형단면을 가진 길이 200cm의 외팔보가 있다. 자유단에 1000N의 집중하중이 작용할 때 최대굽힘응력을 구하라.

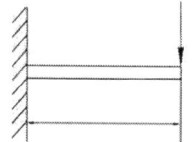

해 설

$$\sigma_{\max} = \frac{M_{\max}}{Z} \frac{1000 \times 2 \times 10^{-6}}{\frac{0.2 \times 0.3^2}{6}} = 0.67\,(MPa)$$

예제문제 19

길이 2m의 단순보가 중앙에 집중하중 P를 받아서 최대 굽힘응력이 12MPa으로 되었다. 보의 단면은 직경 20cm의 원형이라 할 때 하중 P의 값은?

해 설

단순보 중앙에 집중하중일 때

$M = \dfrac{Pl}{4}$ 에서, $\sigma = \dfrac{M}{Z}$ 에서

$= \dfrac{32Pl}{\pi d^3 4}$

$\therefore P = \dfrac{\sigma \pi d^3}{8l} = \dfrac{12 \times 10^6 \times \pi \times 0.2^3}{8 \times 2} = 18.8\,kN$

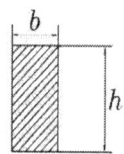

제 1 장 설계실기의 기본사항

예제문제 20

6m의 단순보의 중앙에 20kN이 작용할 때 단면의 폭 8cm, 높이 16cm일 때의 굽힘응력은 몇 MPa인가?

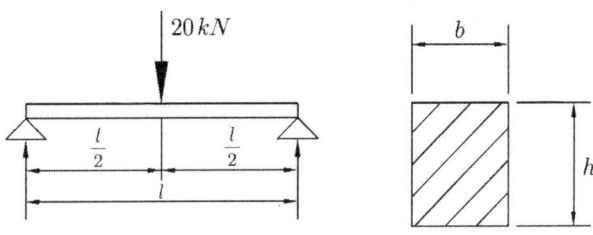

해설

$$\sigma = \frac{M}{Z} = \frac{6Pl}{bh^2 4} = \frac{6 \times 20 \times 6 \times 10^{-3}}{0.08 \times 0.16^2 \times 4} = 87.89 MPa$$

예제문제 21

중량(W) 10kN의 연강재 플라이 휠의 붙은 그림과 같은 축에서 최대 처짐을 구하시오. (단, 종탄성계수 (E)는 200GPa 축지름(d)은 70mm l=1,000mm l_1=200mm이며 축의 자중은 무시한다.)

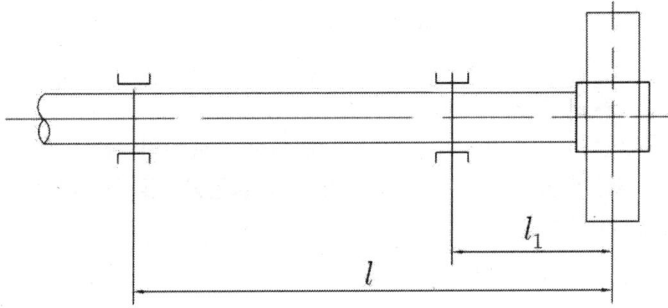

해설

$$\delta = \frac{Wl_1^2 l}{3EI} = \frac{64 \times 10 \times 10^3 \times 0.2^2 \times 1 \times 10^3}{3 \times 200 \times 100^9 \times \pi (0.07)^4} = 0.566 mm$$

예제문제 22

그림과 같이 단면 20cm×30cm, 길이 6m의 목재로 된 보의 중앙에 20kN의 집중하중이 작용할 때 최대처짐($\delta_{\max}$)을 구하여라.(단, E=10GPa이다.)

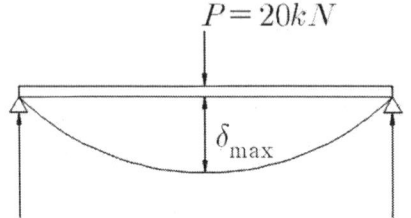
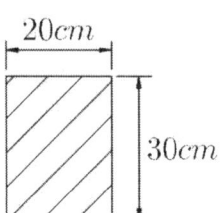

해설

$$\delta = \frac{Pl^3}{48EI} = \frac{12Pl^3}{48Ebh^3}$$

$$= \frac{12 \times 20 \times 10^3 \times 6^3}{48 \times 10 \times 10^9 \times 0.2 \times 0.3^3}$$

$$= 0.02\,m$$

$$= 2cm$$

예제문제 23

직경이 2cm, 원형단면 길이 1m의 외팔보(Cantilever Beam)인 자유단에 집중하중이 작용할 때 최대 처짐량이 2cm가 되었다. 이때 최대굽힘응력을 구하여라.
(단, 탄성계수 E=205GPa)

해설

$$\delta = \frac{Pl^3}{3EI}$$

$$P = \frac{3\delta EI}{l^2} = \frac{3 \times 0.02 \times 205 \times 10^9 \times \pi \times 0.02^4}{64 \times 1^3} = 96.6N$$

$$\sigma = \frac{M}{Z} = \frac{32Pl}{\pi d^3} = \frac{96.6 \times 32 \times 1}{\pi \times 0.02^3} = 123MPa$$

제 1 장 설계실기의 기본사항

예제문제 24

길이 $l = 3m$의 단순보(Simple Beam)가 균일 분포하중 $\omega = 5kN/m$의 작용을
받고 있다. 보의 단면이 $b \times h = 10cm \times 20cm$, $E = 100 GPa$이다.
이 보의 최대처짐은 몇 mm인가?

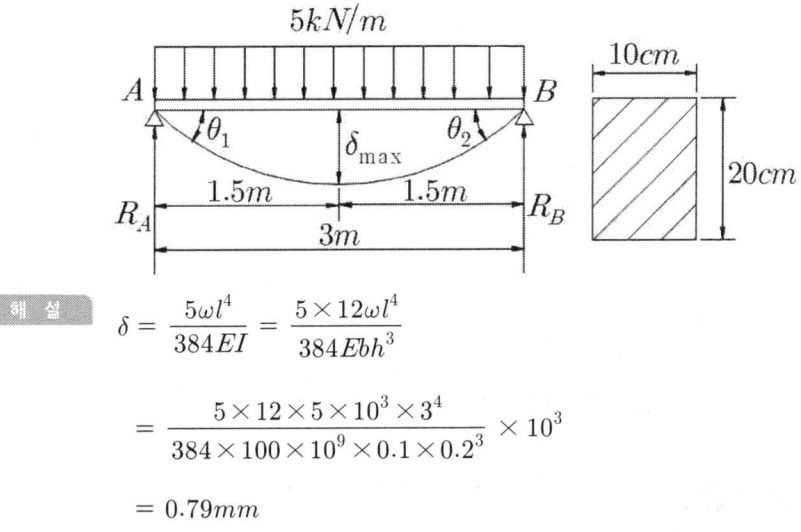

해설

$$\delta = \frac{5\omega l^4}{384EI} = \frac{5 \times 12\omega l^4}{384Ebh^3}$$

$$= \frac{5 \times 12 \times 5 \times 10^3 \times 3^4}{384 \times 100 \times 10^9 \times 0.1 \times 0.2^3} \times 10^3$$

$$= 0.79 mm$$

예제문제 25

일단고정, 타단회전의 장주가 있다. 단면 $15 \times 10\, cm^2$인 사각형,
길이 $l = 3m$, $E = 100 GPa$이다.
이때 안전율 $S = 10$으로 할 때 오일러의 공식에 의한 최대 안전 압축하중을
구하여라.

해설

$$P_{Cr} = \frac{n\pi EI}{l^2}$$

$$= 2 \times \pi^2 \times 200 \times 10^3 \times 15 \times 10^3 / (12 \times 3^2)$$

$$= 2.74 MPa$$

$$P_S = \frac{P_{Cr}}{S} = \frac{2.74}{10} \times 10^3$$

$$= 274 KPa$$

예제문제 26

단면적 $4cm \times 6cm$, 길이 $l = 3m$인 연강구형단면의 기둥에서 좌굴응력을 구하여라.
(단, 양단고정이고, $E = 200 GPa$이다.)

해설

$$\sigma_{Cr} = \frac{P_{Cr}}{A} = \frac{n\pi^2 EI}{Al^2}$$

$$= \frac{4 \times \pi^2 \times 200 \times 10^9 \times 0.06 \times 0.04^3}{0.04 \times 0.06 \times 3^2 \times 12} \times 10^{-6}$$

$$= 116.97 MPa$$

[제 1-2 장] 열역학

예제문제 01

600[W]의 전열기로서 3[kg]의 물을 15[℃]로부터 90[℃]까지 가열하는데 요하는 시간을 구하여라.
(단, 전열기의 발생열의 70[%] 온도 상승에 사용되는 것으로 생각한다.)

해설

$Q = mc\triangle T = 3 \times 4.18 \times (90 - 15) = 940.5 kJ$

$t = \dfrac{940.5}{0.6 \times 0.7} \times \dfrac{1}{60} = 37.32[\min]$

[제 1-3 장] 유체역학

예제문제 01

유속 3[m/sec]인 관에 매초 50[*l*]의 물을 유출할 때 관의 안지름은 얼마인가?

해 설

$$Q = 50[l/s] = 50 \times 10^{-3}[m^3/s]$$

$$Q = \frac{\pi d^2}{4} V \text{에서 } d = \sqrt{\frac{4Q}{\pi V}} = \sqrt{\frac{4 \times 50 \times 10^{-3}}{\pi \times 3}} = 0.1456 = 14.56[cm]$$

예제문제 02

안지름 15[cm], 길이 1000[m]인 수평 직원관 속에 물이 매초 50[ℓ]로 흐르고 있다. 관마찰계수가 0.02일 때 마찰손실수두는 몇 [m]인가?

해 설

$$h_l = f \frac{l}{d} \frac{V^2}{2g} = 0.02 \times \frac{1000}{0.15} \frac{(\frac{50 \times 10^{-3} \times 4}{\pi \times 0.15^2})^2}{2 \times 9.8} = 54.5$$

필답형 시험예시_기술계 일반 검정 제 2 회

자격종목 및 등급 (선택분야)	시험시간	형별	수검번호	성명

1. 요구사항 : 문제에서 요구하는 사항을 주어진 조건에 따라 설계하시오.

2. 수검자 유의사항

   ① 답안지 작성은 흑색 볼펜 만을 사용한다.

   ② 답안지 작성 시 산출식(계산식)과 답을 함께 기재한다. 만약 답이 정답이라도 산출식이 없거나 틀린 것은 오답으로 처리한다.

   ③ 중간산출식(계산식) 및 최종 정답은 소수 셋째 자리에서 반올림하여 둘째 자리까지 기재한다.(단, 본문에 규정이 있을 경우는 예외)

   ④ 모든 단위가 필요한 답은 꼭 단위를 표기하여야 한다. 특수환산법을 적용하거나 단위를 기입치 않음으로써 2가지 이상으로 해석될 수 있는 문제 또는 2단위의 합산을 구하는 문제에서는 단위를 기입치 않으면 답이 정답이라도 무효로 처리한다.

   ⑤ 답안지에 낙서나 기호 등 표시가 있을 때는 부정행위로 간주하고 당해 시험을 무효로 한다.

   ⑥ 답안지 작성이 완료된 수검자는 문제지와 답안지를 동시에 제출하고 퇴장한다. (문제지를 제출하지 않을 시는 실격임)

01

200kN의 하중을 받는 바깥지름(d_2) $80\,cm$의 주철관 두께(t)는 몇 (mm)인가? (단, 허용응력(σ)은 500kPa이다.)

해설

$$d_1 = \sqrt{d_2^2 - \frac{4 \times P}{\pi \sigma}} = \sqrt{0.8^2 - \frac{4 \times 200}{\pi \times 500}} \times 10^3\,m$$
$$= 361.53\,mm$$

$$t = \frac{1}{2}(d_2 - d_1) = \frac{1}{2}(800 - 361.53)$$
$$= 219.24\,mm$$

02

그림과 같이 축지름(d) 150mm, 컬러의 두께(t) 20mm, 컬러의 수(z) 3개의 컬러 저널 5kN의 트러스트를 지지하려면 컬러 끝단에 생기는 전단응력(τ)은 몇 kPa인가?

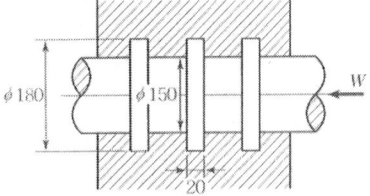

해설

$$\tau = \frac{W}{\pi d t Z} = \frac{5 \times 10^5}{\pi \times 150 \times 20 \times 3} = 176.84 kPa$$

03

그림과 같은 가이 데릭에서 붐 OA의 허용압축력이 15kN, 케이블 BA로프의 최대 허용 인장력이 10kN일 때 현 위치에서의 가이 데릭이 들어 올릴 수 있는 최대 하중을 산출하시오.

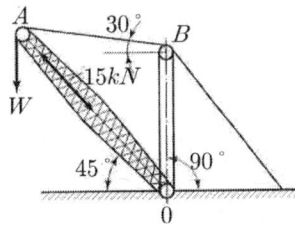

해설

$$W = -OA \cdot \frac{\sin 15}{\sin 300} = 4.48 kN$$

$$W = AB \cdot \frac{\sin 15}{\sin 45} = 3.66 kN$$

04

KS재료 기호로 SC420으로 표시괸 이 재료의 명칭을 쓰고, 이 재료의 안전율을 4로 할 경우 허용인장응력(MPa)은?

해설

[SC 탄소강주강]

$$\frac{420}{4} = 105 MPa$$

05

단면적(A)이 $5cm^2$인 황동봉의 양끝을 고정하고 그 온도를 25℃에서 15℃로 냉각시켰다면 황동봉 양 끝에 미치는 인장력(P)은 몇 kN인가?
(eks, 황동의 선팽창계수는 $a = 0.0000188$, 세로탄성계수 $E = 200\,GPa$)

해 설

$$P = AE\alpha \triangle T = 5 \times 10^{-4} \times 200 \times 10^9 \times 0.0000188 \times (25-15)$$
$$= 18,800N = 18.8kN$$

06

그림과 같은 비틀림 강성축 B점에 $T = 100J$의 토크가 작용할 때, 축의 양단 A, C를 회전에 회전에 대항하여 고정하면 비틀림 모멘트 T_1, T_2는 각각 몇 J인가?

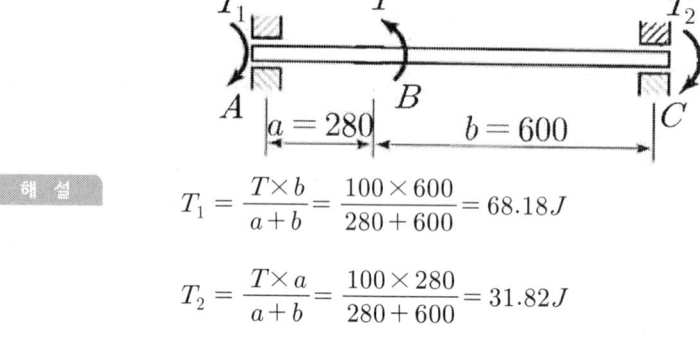

해 설

$$T_1 = \frac{T \times b}{a+b} = \frac{100 \times 600}{280 + 600} = 68.18J$$

$$T_2 = \frac{T \times a}{a+b} = \frac{100 \times 280}{280 + 600} = 31.82J$$

07

단면적(A)이 $23cm^2$, 관성모멘트(I) $184cm^4$, 길이(L) $2m$ 양끝회전 연강기둥이 있다. 이 기둥은 몇 kN의 하중으로 좌굴되겠는가? (W) (단, $E = 200\,GPa$이다.)

해 설

$$W = \frac{n\pi^2 E \cdot I}{L^2} = \frac{\pi^2 \cdot 200 \times 10^9 \cdot 184 \times 10^{-8}}{2^2} \times 10^{-3} = 908kN$$

08

허용 비틀림 응력 $\tau = 550kPa$, 10KJ의 비틀림 모멘트(T)를 받는 연강재의 중실축의 지름(d)을 95mm라고 하면 축의 길이(l) 2m에 있어서 비틀림 각도(θ)를 구하라.(rad) (단, $G = 80GPa$)

해설
$$\theta = \frac{T \cdot l}{G \cdot I_p} = \frac{10 \times 10^3 \times 2}{80 \times 10^9 \cdot \frac{\pi(95 \times 10^{-3})^4}{32}} = 0.03$$

09

하중(W) 150kN을 속도(V) $12m/\min$의 속도로 하역할 기중기는 몇 마력(kW)의 엔진을 필요로 하는가? (단, 효율은 80% 이다.)

해설
$$kW = \frac{WV}{\eta} = \frac{150 \times 12}{0.8 \times 60} = 37.5 kW$$

○ ENGINEER CONSTRUCTION EQUIPMENT

제 2 장

마찰차

2-1 외접 마찰차(반대방향 회전)
2-2 내접 마찰차(같은 방향 회전)
2-3 홈 마찰차
2-4 원추 마찰차
2-5 무단 변속장치

[제 2-1 장] 외접 마찰차(반대방향 회전)

① 원동차의 보호를 위해서나 마모를 균일하게 하기 위해 가죽이나 고무피막을 씌우며 조직은 시멘타이트이다.

② $V_A = V_B$, 즉 순간 중심에서 상대속도는 0(ZERO) 이다. (구름 접촉)

③ 기어나 마찰차는 T로 푸는 것보다 H_{PS}, H_{PS}로 푸는 것이 좋다.

$$H_{kW} = F \cdot V = \mu W V$$

$$V_A = V_B = \frac{\pi D_A N_A}{60 \times 1000} = \frac{\pi D_B N_B}{60 \times 1000}$$

$$i(\text{속비}) = \frac{w_B}{w_A} = \frac{R_A}{R_B} = \frac{D_A}{D_B} = \frac{N_B}{N_A}$$

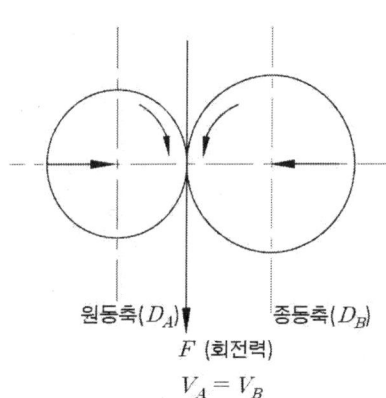

원동축(D_A)   종동축(D_B)
F (회전력)
$V_A = V_B$

■ 축간거리

$$C = \frac{D_A + D_B}{2} = \frac{D_B(1+i)}{2}$$

$$D_A = \frac{2iC}{(1+i)}, \quad D_B = \frac{2C}{(1+i)}$$

$$H_{kW} = FV = \mu q b V$$

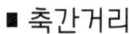로 풀어보면,

$$T_A = PR = \mu W \frac{D_A}{2} = 974 \frac{H_{kW}}{N_A} \times 9.8 (N \cdot m)$$

$$T_B = PR = \mu W \frac{D_B}{2} = 974 \frac{H_{kW}}{N_B} \times 9.8 (N \cdot m)$$

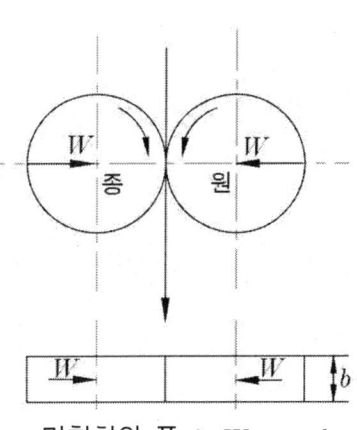

• 마찰차의 폭 : $W = q \cdot b$

[제 2-2 장] 내접 마찰차(같은 방향 회전)

$$C = \frac{D_A - D_B}{2} = \frac{iD_B - D_B}{2} = \frac{D_B(i-1)}{2}$$

$$D_B = \frac{2C}{i-1}$$

$$D_A = i \cdot D_B$$

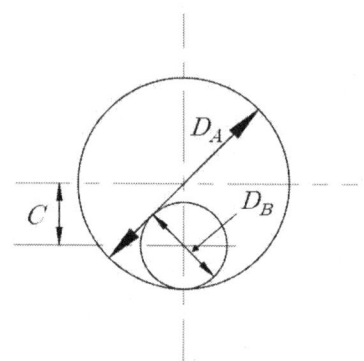

[제 2-3 장] 홈 마찰차

$W = Q(\mu\cos\alpha + \sin\alpha)$

$Q = \dfrac{W}{\mu\cos\alpha + \sin\alpha}$

$\mu' = \dfrac{\mu}{\mu\cos\alpha + \sin\alpha}$

$V = \dfrac{\pi DN}{60 \times 1000}$

① $H_{kW} = FV = \mu QZV = \mu' WZV$

② $T = PR = \mu QZ \cdot \dfrac{D}{2} = \mu' WZ \cdot \dfrac{D}{2}$

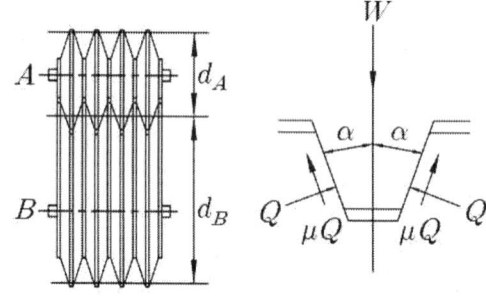

[홈붙이 마찰차]

제 2 장 마찰차

🟢 Reference

$QZ = q \cdot 2l \cdot Z$

$Q = q \cdot 2l = \dfrac{2qh}{\cos\alpha}$

$h = l\cos\alpha,$

$l = \dfrac{h}{\cos\alpha}$

$h = 0.94\sqrt{\mu' W}$ (단, W는 kgf)

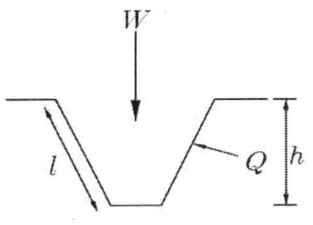

[제 2-4 장] 원추 마찰차

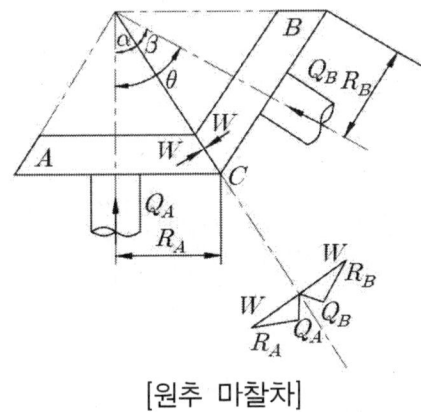

[원추 마찰차]

상호 교차하는 두 축 사이에 동력을 전달하는 데는 앞의 그림과 같은 원추 마찰차 (Revel Friction Wheel)가 쓰인다.

여기서, θ : 축각 (두 축이 이루는 각)

$2\alpha, 2\beta$: 원추 마찰차 A, B의 꼭지각(頂角)

N_A, N_B : 원추 마찰차 A, B의 회전수(rpm)

w_A, w_B : 원추 마찰차 A, B의 각속도(rad/s)

R_A, R_B : 원추 마찰차 A, B의 외끝부 반지름(mm)라 하면 속도비 i는 다음과 같다.

(1) 속도비

① 외접 원추 마찰차

회전비 i는,

$$i = \frac{w_2}{w_2} = \frac{N_B}{N_A} = \frac{D_A}{D_B} = \frac{\overline{O_1C}}{\overline{O_2C}} = \frac{2\overline{OC}\sin\alpha}{2\overline{OC}\sin\beta} = \frac{\sin\alpha}{\sin(\theta-\alpha)}$$

$$= \frac{\tan\alpha}{\sin\theta - \cos\theta\tan\alpha}$$

따라서,

$$\tan\alpha = \frac{\sin\theta}{\frac{N_B}{N_A} + \cos\theta}$$

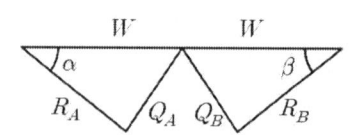

$\theta = 90°$ 이면

$$\tan\alpha = \frac{N_B}{N_A}, \quad \tan\beta = \frac{N_A}{N_B}$$

② 내접 원추 마찰차

$$\tan\alpha = \frac{\sin\theta}{\frac{D_B}{D_A} - \cos\theta}, \quad \tan\beta = \frac{\sin\theta}{\cos\theta - \frac{D_A}{D_B}}$$

(2) 전달 마력

$$H_{kW} = FV = \mu WV$$

$$W = \frac{Q_A}{\sin\alpha} = \frac{Q_B}{\sin\beta}$$

$$\mu W = \frac{\mu Q_A}{\sin\alpha} = \frac{\mu Q_B}{\sin\beta}$$

$$H_{kW} = \mu W_v = \frac{\mu Q_B v}{\sin\alpha} = \frac{\mu Q_B v}{\sin\beta} \, [kW]$$

(3) 베어링에 걸리는 하중

$$Q_A = P\sin\alpha, \quad Q_B = P\sin\beta$$

분력 R_A 및 R_B는,

$$R_A = \frac{Q_A}{\tan\alpha}, \quad R_B = \frac{Q_B}{\tan\beta}$$

$\theta = 90°$ 인 경우,

$$R_A = Q_A, \quad R_B = Q_B$$

베어링에 작용하는 합성 가로하중 R는

$$R_1 = \sqrt{R_A^2 + (\mu W)^2} \quad \text{또는} \quad R_2 = \sqrt{R_B^2 + (\mu W)^2}$$

(4) 원추 마찰차의 너비

$b = \dfrac{W}{f}$ 이므로,

$$\therefore b = \frac{Q_A}{f\sin\alpha} = \frac{Q_B}{f\sin\beta}$$

[제 2-5 장] 무단 변속장치

(1) 두 축이 교차할 때

$$R_1 w_1 = R_2 w_2$$

$$i = \frac{w_2}{w_1} = \frac{R_1}{R_2} = \frac{D_1}{D_2}$$

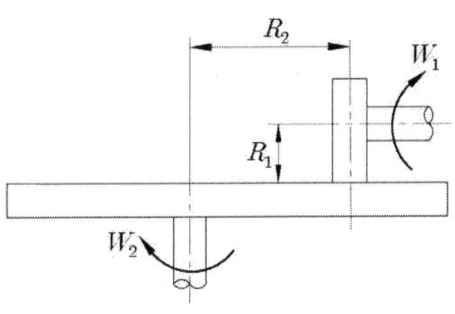

(2) 두 축이 평행할 때

$$i = \frac{N_2}{N_1} = \frac{X_1}{X_2}$$

$$i = \frac{N_2}{N_1} = i_1 \cdot i_2$$

$$\frac{N_3}{N_1} \cdot \frac{N_2}{N_3} = \frac{C-X}{r_3} \cdot \frac{r_3}{X}$$

$$= \frac{C-X}{X}$$

$$i = \frac{N_2}{N_1} = \frac{C-X}{X} \text{에서,}$$

$$N_2 = \frac{C-X}{X} \cdot N_1$$

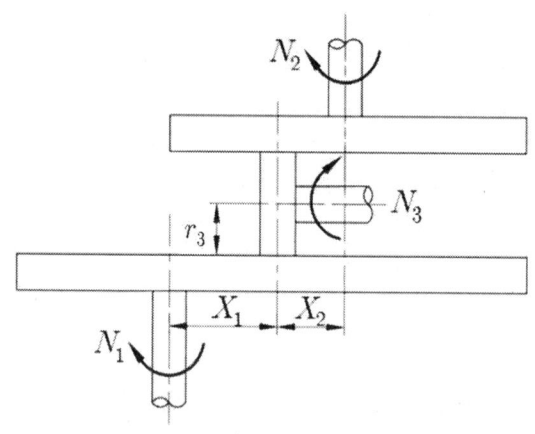

r_3는 회전비에는 무관하며, 회전방향만 결정한다.

예상문제

01

주철과 목재의 조합으로 된 원통 마찰차의 지름(D_1)이 $400mm$, 회전수(N_1) $350rpm$으로 (H) $3kW$를 전달한다. 이때의 주속도(V) m/s 및 미는 힘(W) kN은 얼마인가?(단, $\mu = 0.3$)

해 설

$$V = \frac{\pi D_1 N_1}{60 \times 1000} = \frac{\pi \times 400 \times 350}{60 \times 1000} = 7.33 m/s$$

$$W = \frac{H}{\mu V} = \frac{3}{0.3 \times 7.33} = 1.36 kN$$

[답] $V = 7.33 m/s$, $W = 1.36 kN$

02

회전수(N_1) $600rpm$ (H) $10kW$를 전달시키는 외접 평마찰차의 지름(d)이 $450[mm]$이면 그 너비(b)는 몇 $[mm]$로 하여야 하는가?
(단, 단위 길이당 허용압력 $f_w = 15 N/mm$, 마찰계수 $\mu = 0.25$이다.)

해 설

$$V = \frac{\pi d N_1}{60 \times 1000} = \frac{\pi \times 450 \times 600}{60 \times 1000} = 14.14 m/s$$

$$b = \frac{H}{\mu f_w V} = \frac{10 \times 10^3}{0.25 \times 15 \times 14.14} = 188.59 mm$$

[답] $b = 188.59 mm$

03

감속비 $\frac{1}{3}$, 축간 거리(C) $400[mm]$인 내접 평마찰차의 원동차가(N_1) $500[rpm]$으로 (H) $5[kW]$를 전달할 때 바퀴의 폭(b)은 몇 $[mm]$로 하면 되는가? (단, 마찰계수 $\mu = 0.35$, 단위 길이당 허용압력 $P_w = 10[N/mm]$이다.)

해 설

$$N_2 = \frac{1}{3} \times N_1 = 166.67 rpm$$

$$d_2 = \frac{2C}{1-\frac{1}{3}} = \frac{2 \times 400}{1-\frac{1}{3}} = 1200 mm$$

$$V = \frac{\pi d_2 N_1}{60 \times 1000} = \frac{\pi \times 1200 \times 166.67}{60 \times 1000} = 10.47 m/s$$

$$b = \frac{H}{\mu P_w V} = \frac{5 \times 10^3}{0.35 \times 10 \times 10.47} = 136.44 mm$$

[답] $b = 136.44 mm$

04

원동차의 표면에 가죽, 종동차에 주철을 사용하는 마찰차에 있어서 원동차의 지름 $D = 20cm$, 매분의 회전수 $n = 1000rpm$이고 $H(3kW)$을 전달시키는데 필요한 바퀴의 폭(b)을 구하면 몇 mm인가? (단, 허용압력 $p = 70 N/cm$, $\mu = 0.2$이다.)

해 설

$$V = \frac{\pi D n}{60 \times 1000} = \frac{\pi \times (20 \times 10) \times 1000}{60 \times 1000} = 10.47 m/s$$

$$b = \frac{H}{\mu P V} = \frac{3 \times 10^3}{0.2 \times (70 \times 10^{-1}) \times 10.47} = 204.67 mm$$

[답] $b = 204.67 mm$

05

$N_A = 250 rpm$, $N_B = 150 rpm$인 한 개의 원추 마찰차의 축 사이 각을 $60°$라고 하면 양차의 꼭지각(α, β)은 각각 얼마인가?

해설
$$\alpha = 2\tan^{-1}\left\{\frac{\sin 60}{\frac{N_A}{N_B} + \cos 60}\right\} = \tan^{-1}\left\{\frac{\sin 60}{\frac{250}{150} + \cos 60}\right\} = 43.57$$

$$\beta = 2 \times 60 - \alpha = 76.43$$

[답] $\alpha = 43.57°$, $\beta = 76.43°$

06

원동차의 표면에 가죽, 종동차에 주철을 사용하는 마찰차에 있어서 원동차의 지름 $D = 18$cm, 매분 회전수 $N = 800$rpm, H=$5kW$를 전달시키는 데 필요한 바퀴의 폭 b는 얼마인가? (단, 허용압력 $f = 7N/mm$, 마찰계수 $\mu = 0.2$이다.)

해설
$$V = \frac{\pi D N}{60} = \frac{\pi \times 18 \times 10^{-2} \times 800}{60} = 7.54 m/s$$

$$W = \frac{H}{\mu V} = \frac{5 \times 10^3}{0.2 \cdot 7.54} = 3315.65 N$$

$$b = \frac{W}{f} = \frac{3315.65}{7} = 473.66 mm$$

[답] $b = 473.66 mm$

07

그림과 같은 원판차를 이용하여 무단 변속하고자 한다. 원동차 A의 회전수(N_A)는 1,500rpm, 종동차 B의 이동범위는 $x = 80 \sim 180$mm일 때 다음을 구하시오.
(단, $D_A = 500mm$, $D_B = 600mm$, 허용압력 $f = 20N/mm$, 마찰계수 $\mu = 0.25$이다.)

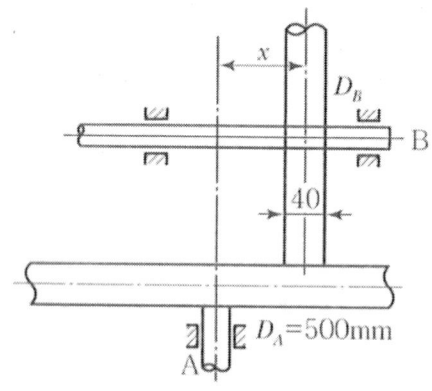

(1) 종동차의 최저 회전수 : $N_B[rpm]$

해설

$$N_B = \frac{2xN_A}{D_B} = \frac{2 \times 80 \times 1500}{600} = 400rpm$$

[답] $b = 473.66mm$

(2) 양 마찰차를 미는 힘 : $Q[kN]$

해설

$$Q = f \times 40 \times 10^{-3} = 20 \times 40 \times 10^{-3} = 0.8kN$$

[답] $b = 473.66mm$

(3) 최대 전달마력 : $H[kW]$

해설

$$V = \frac{\pi \times 2x \times N_A}{60 \times 1000} = \frac{\pi \times 2 \times 180 \times 1500}{60 \times 1000} = 28.27 m/s$$

$$H = \mu QV = 0.25 \times 0.8 \times 28.27 = 5.65 kW$$

[답] $H = 5.65 kW$

08

홈의 각도가 $40°$의 주철제의 홈 마찰차에 있어서 원동차의 지름(D_1)을 $250mm$, 회전 수(N_1)를 750rpm, 종동차의 지름(D_2) 400mm라 하고, (H) $7kW$를 전달시킨다. 이때 허용압력이 $p=30N/mm$이고, 마찰계수 $\mu=0.14$라 하면 다음을 구하라.

(1) 상당마찰계수(μ')를 구하라.

해설

$$\alpha = \frac{40}{2} = 20°$$

$$\mu' = \frac{\mu}{\mu\cos\alpha + \sin\alpha} = \frac{0.14}{0.14 \times \cos20 + \sin20} = 0.3$$

[답] $\mu' = 0.3$

(2) 밀어붙이는 힘(W)은 얼마인가?(kN)

해설

$$V = \frac{\pi D_1 N_1}{60 \times 1000} = \frac{\pi \times 250 \times 750}{60 \times 1000} = 9.82 m/s$$

$$W = \frac{H}{\mu' V} = \frac{7}{0.3 \times 9.82} = 2.38 kN$$

[답] $W = 2.38 kN$

(3) 홈의 수(Z)는 몇 개인가?

해설

$$h = 0.94\sqrt{\mu' W} = 0.94\sqrt{0.3 \times \frac{2.38 \times 10^3}{9.8}} = 8.024 mm$$

$$Q = \frac{W}{\sin\alpha + \mu\cos\alpha} = \frac{2.38}{\sin20 + 0.14\cos20°} = 5.02 kN$$

$$Z = \frac{Q}{2hP} = \frac{5.02 \times 10^3}{2 \times 8.024 \times 30} = 11$$

[답] $Z = 11$개

09

축간 거리(C)가 800mm인 홈 마찰차에서 원동차와 종동차의 회전수가 각각(N_1) 900rpm, (N_2)300rpm이며 (H)$10kW$를 전달시키려고 할 때 얼마의 힘(W) kN으로 밀어 붙어야 하는가? 또, 마찰면에 작용하는 수직력 $Q(kN)$는 얼마인가?
(단, 마찰계수 $\mu = 0.2$이고, 홈의 각도 $38°$ 이다.)

해설

$$\mu' = \frac{\mu}{\mu\cos\frac{38}{2} + \sin\frac{38}{2}} = \frac{0.2}{0.2\cos19 + \sin19} = 0.39$$

$$\frac{1}{3} = \frac{N_2}{N_1} = \frac{D_1}{D_2}, \quad C = \frac{D_1 + D_2}{2} = \frac{D_1 + 3D_1}{2},$$

$$D = \frac{2C}{4} = \frac{2 \times 800}{4}$$

$$= 400$$

$$V = \frac{\pi D_1 N_1}{60 \times 1000} = \frac{\pi \times 400 \times 900}{60 \times 1000} = 18.85 m/s$$

$$W = \frac{H}{\mu' V} = \frac{10}{0.39 \times 18.85} = 1.36 kN$$

$$Q = \frac{W}{\mu\cos19 + \sin19} = \frac{1.36}{0.2\cos19 + \sin19} = 2.64 kN$$

[답] $Q = 2.64 kN$

10

그림과 같은 원추 마찰차가 (N_1)400rpm으로 (H)5kW를 전달하고자 한다. 원동차의 평균지름 $D_1 = 400$mm, 회전비 $i = \dfrac{3}{5}$일 때, 다음을 구하시오..

(단, 마찰계수 $\mu = 0.25$, 허용압력 $f = 25N/mm$이다.)

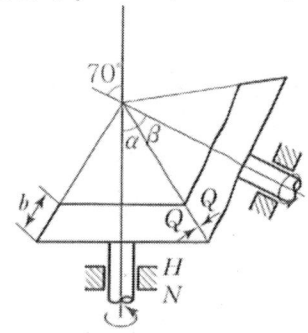

(1) 마찰차 미는 힘 : $Q[kN]$

해설

$$V = \frac{\pi D_1 N_1}{60 \times 1000} = \frac{\pi \times 400 \times 400}{60 \times 1000} = 8.38 m/s$$

$$Q = \frac{H}{\mu V} = \frac{5}{0.25 \times 8.38} = 2.39 kN$$

[답] $Q = 2.39 kN$

(2) 마찰차의 폭 : $b = [mm]$

해설

$$b = \frac{Q}{f} = \frac{2.39 \times 10^3}{25} = 95.6 mm$$

[답] $b = 95.6 mm$

(3) 원동축에 작용하는 추력하중 : $F_t[kN]$

해설

$$a = \tan^{-1}\left(\frac{\sin 70}{\dfrac{1}{i} + \cos 70}\right) = \tan^{-1}\left(\frac{\sin 70}{\dfrac{5}{3} + \cos 70}\right) = 25.07°$$

$$F_t = Q \sin\alpha = 2.39 \times \sin 25.07 = 1.01 kN$$

[답] $F = 1.01 N$

O ENGINEER CONSTRUCTION EQUIPMENT

제 3 장

축(shaft)

3-1 축지름의 설계
3-2 축의 위험속도

[제 3-1 장] 축지름의 설계

(1) 굽힘 모멘트만 받는 경우

$$\sigma = \frac{M}{Z} = \frac{M}{\frac{\pi d_2^3}{32}} \text{(중실축)}$$

$$= \frac{M}{\frac{\pi d_2^3}{32}(1-x^4)} \text{(중공축)} \quad (단,\ x = \frac{d_1}{d_2})$$

(2) 비틀림 모멘트만 받는 경우

① $T = PR = \tau Z_p = 716.2 \dfrac{H_{PS}}{N} \times 9.8 = 974 \dfrac{H_{kW}}{N} \times 9.8 [N \cdot m = J]$

$\quad = \tau \dfrac{\pi d^3}{16} \text{(중실축)} = \tau \dfrac{\pi_2^3}{16} = (1-x^4)\text{(중공축)}$

② 강성도

$$\theta = \frac{Tl}{GI_P} \frac{180}{\pi} [\,°\,]$$

③ Bach의 축공식

$$d = 120 \sqrt[4]{\frac{H_{PS}}{N}}\,[mm],\ d = 130 \sqrt[4]{\frac{H_{kW}}{N}}\,[mm]$$

(3) 비틀림과 굽힘을 동시에 받을 경우

① 굽힘응력설 : $M_e = \dfrac{1}{2}(k_m M + \sqrt{(k_m M)^2 + (k_1 T)^2})$

② 전단응력설 : $T_e = \sqrt{(k_m M)^2 + (k_m T)^2}$

$$\sigma = \frac{M_e}{Z},\ T_e = \tau \cdot Z_P$$

Reference
동적효과계수 (축에서는 진동을 고려해야 함)
1. k_m : 모멘트의 동적효과계수
2. k_t : 비틀림의 동적효과계수

[제 3-2 장] 축의 위험속도

(1) 축의 중앙에 1개의 회전 질량을 가진 축

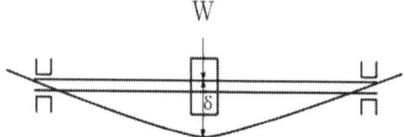

$$\left(w_c^2 = \frac{K}{m} = \frac{\frac{F}{\delta}}{\frac{W}{g}} = \frac{g}{\delta} \right)$$

w_c(위험각속도) $= \dfrac{2\pi N_c}{60}$

$N_c[rpm] = \dfrac{60}{2\pi} w_c = \dfrac{30}{\pi} w_c = \dfrac{30}{\pi}\sqrt{\dfrac{g}{\delta}} \fallingdotseq 300\sqrt{\dfrac{1}{\delta}}$

여기서, N_c : 축의 위험속도(rpm), w_c : 위험각속도$(rad/\sec)$
g : 중력가속도$(980cm/\sec^2)m$, δ : 축의 처짐(cm)

$\delta = \dfrac{l}{3000}, \delta \leq 0.3mm/m$

$\delta = \dfrac{pl^3}{48EI}(cm)$(단순보 중앙집중하중)

$\delta = \dfrac{5wl^4}{384EI}(cm)$(단순보 등분포하중)

제 3 장 축(shaft)

(2) 여러 개의 회전체를 갖는 축

* Dunkerley의 실험공식

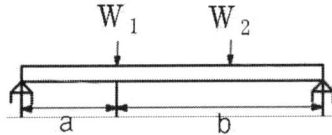

$$\frac{1}{N_{cr}^2} = \frac{1}{N_0^2} + \frac{1}{N_1^2} + \frac{1}{N_2^2} + \cdots$$

여기서, N_{cr} : 축 전체의 실제 위험도)rpm), N_0 : 축만의 위험속도(rpm)
$N_1, N_2 \cdots$: 각 회전체가 단독으로 축에 설치된 경우의 회전속도(rpm)

① $N_0 = 654 \dfrac{d^2}{l^2} \sqrt{\dfrac{E}{w}}, w = rA\,[kg/cm]$

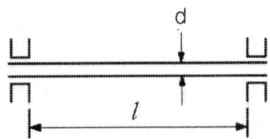

② $N_{1.2} = 114.6 d^2 \sqrt{\dfrac{E(a+b)}{Wa^2b^2}}\,[rpm]$

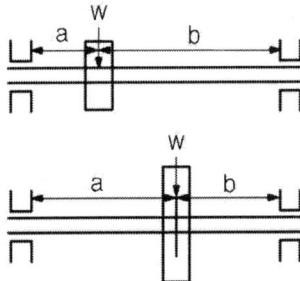

41

	보의 모양	$g = 9.8 m/s^2\ \delta : mm$
(1)		$N = \dfrac{30}{\pi}\sqrt{\dfrac{3000gEI}{W_1^2 l}}$
(2)		$N = \dfrac{30}{\pi}\sqrt{\dfrac{3000gEI}{Wl^3}}$
(3)		$N = \dfrac{30}{\pi}\sqrt{\dfrac{12400gEI}{Wl^3}}$
(4)		$N = \dfrac{30}{\pi}\sqrt{\dfrac{3000gEIl}{W_1^2 l_2^2}}$
(5)		$N = \dfrac{30}{\pi}\sqrt{\dfrac{98000gEI}{Wl^3}}$

(3) 굽힘강성에 의한 베어링 간격(스팬의 길이)

① 굽힘 : $l \leq 100\sqrt{d}\,[cm]$ (양단지지)

$\qquad l \leq 125\sqrt{d}\,[cm]$ (중간지지)

② 비틀림 : $l \leq 50^3\sqrt{d^2}\,[cm]$

$\qquad l \leq 50d^{\frac{2}{3}} = 50^3\sqrt{d^2}\,[cm]$

예상문제

01
회전수 (N) 400rpm 마력(H) 2kW를 전달하는 축에서 다음을 구하시오.

(단, τ=300kPa)

(1) 중공축의 외경 d_2는 몇 mm인가? (단, $x = 0.5$)

해설

$$d_2 = \sqrt[3]{974 \times \frac{H}{N} \times 9.8 \times \frac{16}{\tau\pi(1-x^4)}}$$

$$= \sqrt[3]{974 \times \frac{2}{400} \times 9.8 \times \frac{16}{300 \times 10^3 \times \pi(1-0.5^4)}}$$

$$= 0.09525m = 95.25mm$$

[답] $d_2 = 95.25$

(2) 중실축일 때의 축지름 d는 몇 mm인가?

해설

$$d = \sqrt[3]{974 \times \frac{H}{N} \times 9.8 \times \frac{16}{\tau\pi}}$$

$$= \sqrt[3]{974 \times \frac{2}{400} \times 9.8 \times \frac{16}{300 \times 10^3 \times \pi} \times 10^3}$$

$$= 93.23mm$$

[답] $d = 93.23$

(3) d_2를 이용할 때와 d를 이용할 때의 무게비는 몇 % 가벼운가?

해설

$$\frac{\frac{\pi d_2^2}{4}(1-x^2) \cdot l}{\frac{\pi d^2}{4} \cdot l} \times 100$$

$$= \frac{d_2^2(1-x^2) \times 100}{d^2} \times \frac{95.26^2(1-0.5^2)}{93.23^2} \times 100 = 78.3\%$$

$$\frac{G_1 - G_2}{G_1} = 1 - \frac{G_2}{G_1} = 100 - 78.3 = 21.7\%$$

[답] 21.7%

02

그림에서 표시한 차축 W=100kN의 하중을 받는다. 허용굽힘응력(σ)을 500kPa라고 하면 그 축지름(d)은 몇 mm인가?

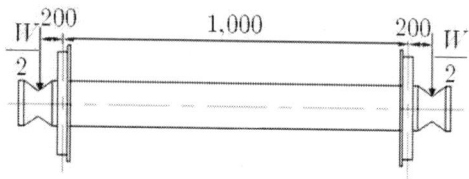

해 설

$$M = \frac{W}{2} \times 200 = \frac{100}{2} \times 200 = 10000 J$$

$$d = \sqrt[3]{\frac{32M}{\pi\sigma}} = \sqrt[3]{\frac{32 \times 10000}{\pi \times 500 \times 10^3}} \times 10^3 = 588.41 mm$$

[답] $d = 588.41 mm$

03

출력(H) 20kW, 회전수(N) 2,500rpm인 내연기관에서 회전비 $i=\dfrac{1}{5}$로 감속 운전된 그림과 같은 전동축이 $W=$2kN, $l=$800mm일 때, 다음을 구하시오.

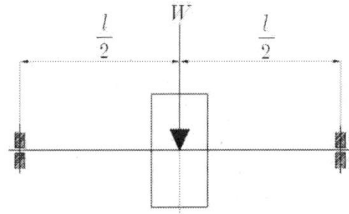

(1) 축에 작용하는 비틀림 모멘트 : T[kJ]

해설

$$T = 974 \times \dfrac{H}{N} \times 9.8 \times 10^{-3} = 974 \times \dfrac{5 \times 20}{2500} \times 9.8 \times 10^{-3} = 0.38 kJ$$

[답] $T = 0.38 kJ$

(2) 축에 작용하는 굽힘 모멘트 : M[kJ]

해설

$$M = \dfrac{Wl}{4} = \dfrac{2 \times 800}{4} \times 10^{-3} = 0.4 kJ$$

[답] $M = 0.4 kJ$

(3) 축의 허용전단응력 $\tau_a = 300 kPa$일 때 최대 전단응력설에 의한 축지를 d[mm]를 구하시오. (단, 키홈의 영향을 고려하여 $\dfrac{1}{0.75}$배로 한다.)

해설

$$T_e = \sqrt{M^2 + T^2} = \sqrt{0.38^2 + 0.4^2} = 0.55 kJ$$

$$d = \dfrac{1}{0.75} \sqrt[3]{\dfrac{16 T_e}{\pi \tau_a}} = \dfrac{1}{0.75} = \sqrt[3]{\dfrac{16 \times 0.55}{\pi \times 300}} \times 10^3$$

$$= 280.76 mm$$

[답] $d = 280.76 mm$

(4) 이 축의 위험속도 : N_c[rpm] (단, $E=$200GPa, 축자중은 무시한다.)

해설

$$\delta = \dfrac{Wl^3}{48EI} = \dfrac{2 \times 10^3 \times 0.8^3 \times 100}{48 \times 200 \times 10^9 \times \dfrac{\pi (280.76 \times 10^{-3})^4}{64}} = 3.5 \times 10^{-5} cm$$

$$N_c = 300 \sqrt{\dfrac{1}{\delta}} = 300 \sqrt{\dfrac{1}{3.5 \times 10^{-5}}} = 50709.26 rpm$$

[답] $N_c = 50709.26 rpm$

04

그림과 같이 베어링 간격(l) 500mm, 축지름(d) 50mm인 축의 중앙에 집중하중(W) 2kN이 작용하고 있다. 축의 탄성계수 E=200GPa일 때 다음을 구하시오.

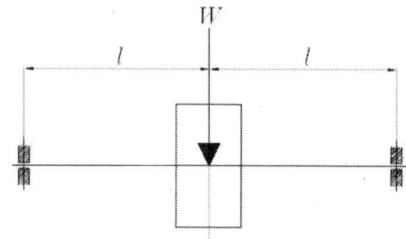

(1) 처짐량 : δ[cm] (단, 축자중은 고려하지 않는다.)

$$\delta = \frac{W(2l)^3}{48EI} = \frac{64 \times 2 \times 10^3}{48 \times 200 \times 10^9 \times \pi \times (0.05)^4} \times 10^2 = 0.07cm$$

[답] $\delta = 0.07cm$

(2) 축의 위험속도 : N_c[rpm]

$$N_c = 300\sqrt{\frac{1}{\delta}} = 300 \times \sqrt{\frac{1}{0.07}} = 1133.89 rpm$$

[답] $1133.89 rpm$

(3) 축의 상용 회전수를 위험속도의 25% 범위 밖으로 피할 때 상용 회전수의 범위를 구하시오.

$$N_c \times \frac{25}{100} = 1133.89 \times \frac{25}{100} \times 283.47$$

$N < 1133.89 - 283.47 = 850.42 rpm$

$N > 1133.89 + 283.47 = 1417.36 rpm$

[답] $N < 850.42 rpm \ \ N > 1417.36 rpm$

05

다음 그림과 같이 축 중앙에 W=0.8kN의 하중을 받는 연강 중실 원 축이 양단에서 베어링으로 자유로 받쳐진 상태에서 (N)100rpm, (H)5kW의 동력을 전달한다. 축 재료의 인장응력 σ=500kPa 전단응력 τ=400kPa이다. (단, 키 홈의 영향은 무시한다.)

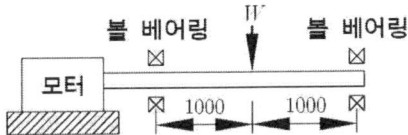

(1) 최대 전단응력설에 의한 축의 직경((d)mm)을 구하시오.
(단, 축의 자중은 무시하고, 계산으로 구한 축경을 근거로 190, 200, 210, 215, 220 값을 직 상위 값의 하중 축경으로 선택한다.)

해설

$$T = 974 \times \frac{H}{N} \times 9.8 = 974 \times \frac{5}{100} \times 9.8 = 477.26J$$

$$M = \frac{W(1000+1000)}{4} = \frac{0.8 \times (1000+1000)}{4} = 400J$$

$$T_e = \sqrt{T^2 + M^2} = \sqrt{477.26^2 + 400^2} = 622.72J$$

$$d = \sqrt[3]{\frac{16T_e}{\pi\tau}} \times 10^3 = \sqrt[3]{\frac{16 \times 622.72}{\pi \times 400 \times 10^3}} \times 10^3 = 199.4mm = 200mm$$

[답] $d = 200$mm

(2) 축 재료의 탄성계수 E=200GPa, 비중(S)는 7.8이고 던커레이 실험공식에 의한 축의 위험속도 [rpm]를 구하시오.

해설

$$E = 200 \times 10^9 \frac{N}{m^2} \frac{1^2 m^2}{100^2 cm^2} = 20 \times 10^6 N/cm^2$$

$$w = r \cdot A = 9800 \times 7.8 \times \frac{\pi \times 0.2^2}{4} \frac{N}{m} \frac{1m}{100cm} = 24.01 N/cm$$

$$N_0 = 654 \frac{d^2}{l^2}\sqrt{\frac{E}{w}} = 654 \frac{20^2}{200^2}\sqrt{\frac{20 \times 10^6}{24.01}} = 5968.93 rpm$$

$$N_1 = 114.6 d^2 \sqrt{\frac{E(a+b)}{Wa^2b^2}} = 114.6 \times 20^2 \times \sqrt{\frac{20 \times 10^6 (100+100)}{0.8 \times 10^3 \times 100^2 \times 100^2}}$$

$$= 10250.14$$

$$\frac{1}{N_{cr}^2} = \frac{1}{N_0^2} + \frac{1}{N_1^2} = \frac{N_0^2 + N_1^2}{N_0^2 N_1^2}$$

$$N_{cr} = \sqrt{\frac{N_0^2 N_1^2}{N_0^2 + N_1^2}} = \sqrt{\frac{5968.93^2 \times 10250.14^2}{5968.93^2 + 10250.14^2}} = 5158.09 rpm$$

[답] 5158.09rpm

O ENGINEER CONSTRUCTION EQUIPMENT

제 4 장

키, 핀, 코터

4-1 키
4-2 스플라인 키
4-3 핀

[제 4-1 장] 키

상대운동을 방지하면서 회전력을 전달시키는 체결용 요소

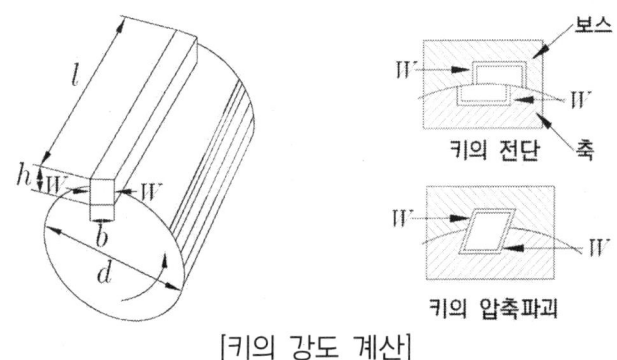

[키의 강도 계산]

W 자체가 회전력임

(1) 묻힘 키

① 키의 전단

$$T = PR = W \times \frac{d}{2} \quad (W = \frac{2T}{d})$$

$$\tau = \frac{W}{A} = \frac{W}{bl} = \frac{2T}{bld}$$

$$(W = \tau \cdot A = \tau \cdot b \cdot l)$$

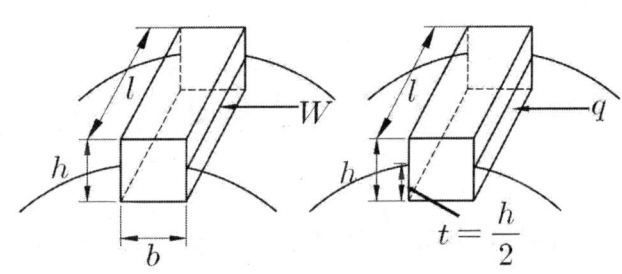

② 키와 축의 키에 대한 압축

$$(W = \frac{2T}{d})$$

$$\sigma(q) = \frac{W}{A} = \frac{W}{tl} = \frac{2W}{hl} = \frac{4T}{hld}$$

여기서, q : 면압(N/m^2)
$(W = q \cdot A = q \cdot l \cdot t)$

③ 키의 전단저항과 압축저항을 같도록 설계할 때 ($T_1 = T_2$)

$$T_1 = T_2$$

$$\frac{\tau bdl}{2} = \frac{\sigma dhl}{4}$$

$$\frac{b}{h} = \frac{\sigma}{2\tau}$$

㉠ 만약, $\sigma = \tau \therefore \dfrac{b}{h} = \dfrac{1}{2}$

㉡ 만약, $\dfrac{\sigma}{2} = \tau \therefore \dfrac{b}{h} = 1$

Reference

1. 축설계

$$T = PR = \tau Z_p = \tau \cdot \frac{\pi d^3}{16}$$

2. 축지름에다 묻힘깊이를 더한 값을 축지름으로 한다.

$$D = d + \frac{h}{2}$$

[제 4-2 장] 스플라인 키

축 둘레에 4~20개의 턱, 유효지름은 키의 안지름(d_1)으로 한다.

$$T = PR = q \cdot A \cdot Z \cdot R = \eta \cdot q \cdot (h - 2C) \cdot l \cdot Z \cdot \frac{d_1 + d_2}{4}$$

여기서, η : 전동효율

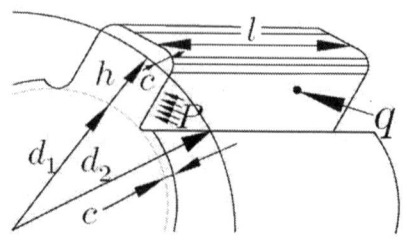

제 4 장 키, 핀, 코터

[제 4-3 장]   핀

(1) 너클 조인트

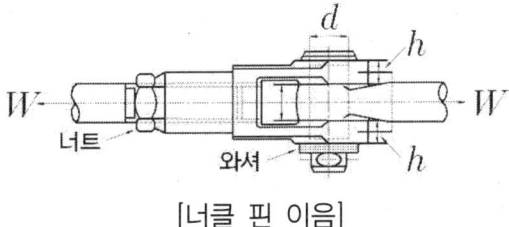

[너클 핀 이음]

■ 핀의 압궤

$$b = md,\ W = qdb = qmd^2,\ d = \sqrt{\frac{W}{mq}}$$

① 로드의 인장(σ)

$$\sigma = \frac{W}{\frac{\pi d_1^2}{4}}\ (W = \sigma A)$$

② 아이(Eye)부의 전단

$$\tau = \frac{W}{2 \times \frac{D}{2} \times b} = \frac{W}{Db}$$

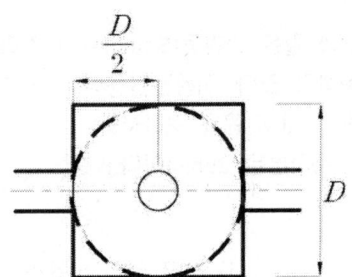

③ 아이(Eye)부의 절개

$$\sigma = \frac{W}{(D-d) \times b}$$

예상문제

01

벨트 풀리의 지름 D=300mm, 축의 지름 d=35mm, 보스의 길이는 55mm이고, 풀리를 b×h=10×8인 성크 키로 축에 고정한다. 풀리의 바깥 둘레에 2kN의 접선력이 작용할 때 다음을 구하시오.

(1) 키에 생기는 전단응력(τ_K)kPa

해설
$$T = 2 \times 10^3 \times \frac{300 \times 10^{-3}}{2} = 300\text{J}$$
$$\tau_K = \frac{2T}{bld} = \frac{2 \times 300}{0.01 \times 0.055 \times 0.035} \times 10^{-3} = 31168.83\text{kPa}$$

[답] $\tau_K = 31168.83$kPa

(2) 키의 측면에 생기는 압축응력(σ_c)kPa
(단, 축의 키홈 깊이 t는 3.5mm이다.)

해설
$$\sigma_c = \frac{2T}{tld} = \frac{2 \times 300}{0.0035 \times 0.055 \times 0.035} \times 10^{-3} = 89053.8\text{kPa}$$

[답] $\sigma_c = 89053.8$kPa

02

그림과 같은 스핀들(Spindle)에 조립되어 있는 레버의 끝에 접선력이 작용하고 있다. 허용전단응력이 τ=500kPa인 묻힘 키(6×6×38)를 사용할 때 다음을 구하시오.
(단, 축지름은 25mm이다.)

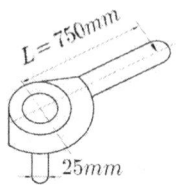

(1) 성크 키의 비틀림 모멘트(T)(J)

해설
$$T = \frac{bld}{2}\tau = \frac{6 \times 10^{-3} \times 38 \times 10^{-3} \times 25 \times 10^{-3}}{2} 500 \times 10^3 = 1.43\text{J}$$

[답] 1.43J

(2) 레버 끝에 작용시키는 힘(P)(N)

해설
$$P = \frac{T}{L} = \frac{1.43}{750 \times 10^{-3}} = 1.91\text{N}$$

[답] 1.91N

03

회전수(n) 400[rpm]으로 마력(H) 7[kW]을 전달하는 풀리를 축에 부착하고자 한다. 묻힘 키의 높이가 8[mm]일 때 키의 폭(b)과 길이(l)를 구하시오.
(단, 축의 허용 비틀림 응력(τ_b)은 200kPa, 키의 길이는 $l=1.5d$이고, 축과 키의 재질은 동일하다.)

해 설

$$T = 974 \times \frac{H}{n} \times 9.8 = 974 \times \frac{7}{400} \times 9.8 = 167.04 \text{J}$$

$$d = \sqrt[3]{\frac{16T}{\pi \tau_a}} = \sqrt[3]{\frac{16 \times 167.04}{\pi \times 200 \times 10^3}} \times 10^3 = 162.03 \text{mm}$$

$$b = \frac{2T}{\tau_a l d} = \frac{2 \times 167.04 \times 10^3}{200 \times 1.5 \times 162.03 \times 162.03 \times 10^{-3}} = 42.42 mm$$

$$l = 1.5d = 1.5 \times 162.03 = 243.05 mm$$

[답] $b = 42.42mm$, $l = 243.05mm$

04

전달마력(H)이 5kW, 회전수(N) 2,000rpm을 전달하는 전동축(모터 축)의 직경(d)을 키 홈을 고려하여 결정하고 또 이축에 끼울 묻힘 키의 치수(너비 (b), 높이(h) 및 길이(l)를 결정하되 정답의 단위는 mm로 구하시오.
(단, 축의 허용전단응력(τ_s) 200kPa 키의 허용전단응력(τ_K) 120kPa이다.)

[묻힘 키의 치수 (KSB 1311)]

키의 치수 너비×높이($b \times h$)	γ_1(축)	γ_2	적용하는 축지름(d)
4×4	25	1.5	60 초과 70 이하
5×5	3	2	70 초과 80 이하
7×7	4	4	80 초과 90 이하
10×8	4.5	3.5	90 초과 100 이하

[축의 지름(KSB 0406)]
···20, 22, 24, 25, 28, 30, 38, 40, 42, 45, 48, 50, 55, 60, 63, 65, 80, 90, 95···

해설

$$T = 974 \times \frac{H}{N} \times 9.8 = 974 \times \frac{5}{2000} \times 9.8 = 23.86 J$$

$$d = \sqrt[3]{\frac{16T}{\pi \tau_S}} + \gamma_1 = \sqrt[3]{\frac{16 \times 23.86}{\pi \times 200 \times 10^3}} \times 10^3 + 4 = 88.7 = 90mm$$

$$l = \frac{2T}{\tau_K bd} = \frac{2 \times 23.86}{120 \times 7 \times 90 \times 10^{-3}} \times 10^3 = 631.21mm$$

[답] $d = 90mm$, $7 \times 7 \times 631.21mm$

05

축지름(d) 50mm의 전동축이(N) 200rpm으로 (H)15kW를 전달시킬 때, 이 키에 생기는 면압력(q)은 몇 kPa인가?
(단, 키의 크기는 $b \times h \times \ell = 8 \times 10 \times 70 mm$)

해설

$$T = 974 \times \frac{H}{N} \times 9.8 = 974 \times \frac{15}{200} \times 9.8 = 715.89 J$$

$$q = \frac{4T}{hld} = \frac{4 \times 715.89 \times 10^{-3}}{10 \times 70 \times 50 \times 10^{-3}} = 81816 kPa$$

[답] $q = 81816 kPa$

06

회전수(N) 1,000rpm으로 마력(H) 1kW를 전달하는 지름(d) 50mm인 축에 사용할 묻힘키 (b×h=12×8)의 길이를 구하시오.
(단, 키(key)의 전단강도만으로 계산하며, 키의 허용전단응력은 τa =700kPa이다.)

해설

$$T = 974 \times \frac{H}{N} \times 9.8 = 974 \times \frac{1}{1000} \times 9.8 = 9.55 J$$

$$\ell = \frac{2T}{\tau_a bd} = \frac{2 \times 9.55 \times 10^3}{700 \times 12 \times 50 \times 10^{-3}} = 45.45 mm$$

[답] $\ell = 45.45 mm$

07

축경(d) 120mm인 축이 회전수(N) 4000rpm, 전달동력(H) 10kW를 전달시키고자 할때, 이것에 사용되는 묻힘 키의 길이를 설계하여 다음 표에서 알맞은 길이를 선정하시오
(단, 축경이 120mm일 때 키의 호칭치수 b×h는 12×8이고 허용전단응력(τ_a) 300kPa, 허용압축응력(σ_a)800kPa이다.)

[길이 l의 표준]
6. 8. 10. 12. 14. 16. 18. 20. 22. 25. 28. 32. 36. 40. 45
50. 56. 63. 70. 80. 90. 100. 110. 120. 140. 160. 180. 200

해 설

$$T = 974\frac{H}{N} \times 9.8 = 974\frac{10}{4000} \times 9.8 = 23.86 J$$

$$l = \frac{2T}{db\tau_a} = \frac{2 \times 23.86 \times 10^3}{120 \times 10^{-3} \times 12 \times 10^{-3} \times 300 \times 10^3} = 110.48 = 120$$

$$l = \frac{4T}{ab\sigma_a} = \frac{4 \times 23.86 \times 10^3}{120 \times 10^{-3} \times 8 \times 10^{-3} \times 800 \times 10^{-3}} = 124.27 = 140$$

[답] 140

08

스플라인 축에 있어서 전달마력(H)[kW]을 구하시오.
(단, 회전수 N=1023rpm, 허용면 압력(q)는 100kPa, 보스의 길이 ℓ=100mm, 이수 Z=6개, d_2=50mm, d_1=46mm, 모따기 c=0.4mm, 이높이 h= 2mm, 이너비 b=9mm, 접촉효율 η=0.75이다.)

해 설

$$T = \eta q(h-2C)\ell Z \frac{d_1+d_2}{4}$$

$$= 0.75 \times 100 \times (2-(2 \times 0.4)) \times 100 \times 6 \times 10^{-6} \times \frac{46+50}{4} = 1.296 J$$

$$H = \frac{NT}{974 \times 9.8} = \frac{1023 \times 1.296}{974 \times 9.8} = 0.14 kW$$

[답] $H = 0.14 kW$

09

잇수(Z) 10개, 호칭지름(d) 72mm의 스플라인 축이 1초당 3회전하고 있다. 이 측면 허용면압이 P_m=200kPa이고, 이높이 h=2mm, 보스길이(ℓ)가 200mm일 때 스플라인이 전달할 수 있는 마력(H)은 얼마인가[kW]?

해 설

$$T = P_m h \ell Z \frac{d}{2} = 200 \times 2 \times 200 \times 10 \times \frac{74}{2} \times 10^{-6} = 28.8 J$$

$$H = \frac{3 \times 60 \times T}{974 \times 9.8} = \frac{3 \times 60 \times 28.8}{974 \times 9.8} = 0.54 kW$$

[답] $H = 0.54 kW$

10

축지름 50 mm의 전동축이 회전수(N) 200rpm으로 마력(H) 15kW를 전달시킬 때, 이키에 생기는 면압력(q)은 몇 kPa인가?
(단, 키의 크기는 $b \times h \times \ell$=8×10×70mm)

해 설

$$T = 974 \times \frac{H}{N} \times 9.8 = 974 \times \frac{15}{200} \times 9.8 = 715.89 J$$

$$q = \frac{4T}{hld} = \frac{4 \times 715.89 \times 10^{-3}}{10 \times 70 \times 50 \times 10^{-3}} = 81816 kPa$$

[답] $q = 81816 kPa$

11

그림과 같은 코터 이음에서 축에 작용하는 인장하중(w)이 30kN이고, 로드의 지름 $d_0 = 80mm$, 로드의 소켓 내의 지름 $d = 95mm$, 코터의 두께 $b = 25mm$, 코터의 너비 $h = 100mm$, 소켓 내의 바깥지름 $D = 160mm$, 코터 구멍 내의 소켓지름 $d_1 = 150mm$, 소켓 끝에서 코터 구멍까지의 거리 $h_2 = 50mm$, 로드 끝에서 코터 구멍까지의 거리 $h_1 = 40mm$일 때, 다음을 구하시오.

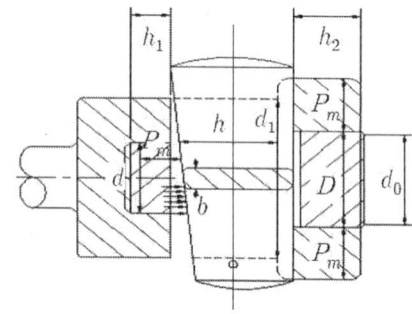

(1) 코터(cotter)의 전단응력[kPa]

해설

$$\tau = \frac{W}{2bh} = \frac{30}{2 \times 25 \times 10^{-3} \times 100 \times 10^{-3}} = 6000$$

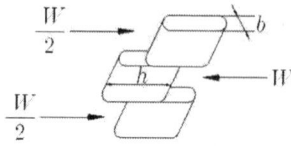

[답] 6000kPa

(2) 코터 구멍 내 로드의 최대인장응력 : σ_m [kPa]

해설

$$\sigma_m = \frac{W}{\frac{\pi d^2}{4} - bd} = \frac{30}{\frac{\pi \times (95 \times 10^{-3})^2}{4} - 25 \times 10^{-3} \times 95 \times 10^{-3}}$$

$$= 6365.08$$

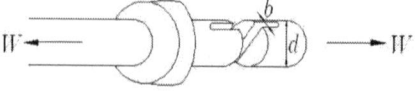

[답] 6365.08kPa

(3) 코터 구멍부분의 소켓의 인장응력 σ_s은 몇 [kPa]인가?

해 설

$$\sigma_s = \frac{W}{\frac{\pi d_1^2}{4} - \frac{\pi d^2}{4} - (d_1 - d) \times b}$$

$$= \left[\frac{30}{\frac{\pi \times (150 \times 10^{-3})^2}{4} - \frac{\pi \times (95 \times 10^{-3})^2}{4} - (150 \times 10^{-3} - 95 \times 10^{-3}) \times 25 \times 10^{-3}} \right]$$

$$= 3257.95 kPa$$

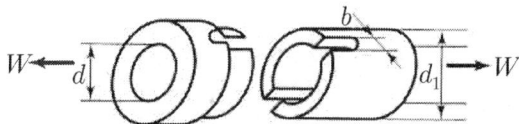

[답] $3257.95 kPa$

(4) 로드 끝의 압축응력 σ_c은 몇 [kPa]인가?

해 설

$$\sigma_c = \frac{4W}{\pi d^2} = \frac{4 \times 30}{\pi \times 0.095^2} = 4232.38 kPa$$

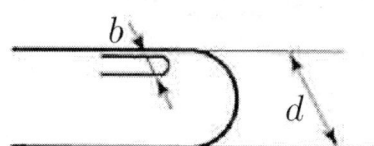

[답] $\sigma_c = 4232.38 kPa$

(5) 코터의 압축력에 의한 로드의 코터 구멍과 축단 사잉의 전단응력(τ)은 몇 [kPa]인가?

해 설 $\tau = \dfrac{W}{2dh_1} = \dfrac{30}{2 \times 0.095 \times 0.04} = 3947.37 kPa$

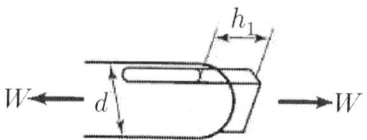

[답] $\tau = 3947.37 kPa$

(6) 소켓 끝의 전단응력(τ_s)은 몇 [kPa]인가?

해 설 $\tau_s = \dfrac{W}{2(D-d)h_2} = \dfrac{30}{2 \times (0.16 - 0.095) \times 0.05} = 4615.38 kPa$

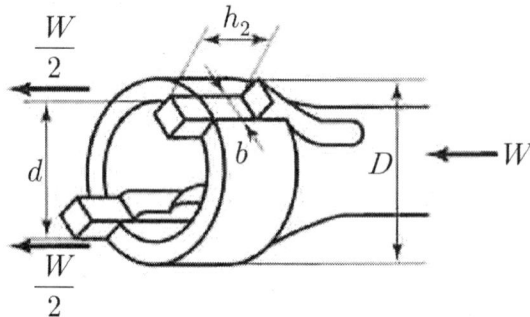

[답] $\tau_s = 4615.38 kPa$

O ENGINEER CONSTRUCTION EQUIPMENT

제 5 장

베어링

5-1 구름 베어링(Rolling Bearing)
5-2 미끄럼 베어링(Sliding Bearing)

베어링의 종류는 크게 구름 베어링과 미끄럼 베어링으로 구분되며, 구름 베어링에는 레이디얼 베어링과 스러스트 베어링이 있고 미끄럼베어링에는 유막 베어링, 오일리스 베어링, 공기 베어링과 무윤활 베어링으로 구분된다.

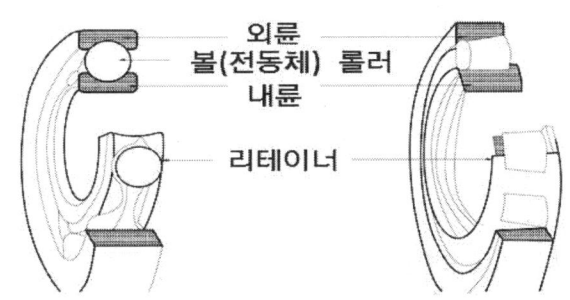

(a) 볼을 가지고 있는 구름 베어링   (b) 롤러를 가지고 있는 구름 베어링

[레이디얼 구름 베어링]

[제 5-1 장] 구름 베어링(Rolling Bearing)

Reference

1. 볼 : $r = 3$ (◎)
2. 롤 : $r = \dfrac{10}{3}$ (▭)   (f_w : 하중계수, f_g : 기어계수, f_b : 벨트계수)

(1) 베어링 수명시간

① 정격수명(Rating Life) : 계산수명이라고도 하며 동일조건에 베어링 그룹의 90%가 피로박리현상을 일으키지 않고 회전하는 총 회전수

② 기본 정격하중(Basic Load Rating) : 기본 동부하 용량이라고도 하며 여러 개의 같은 베어링을 개별 운전할 때 정격수명이 100만 회전이 되는 방향과 크기가 변하지 않는 하중

$$L_h = \frac{L_n}{N \times 60} = 500 \left(\frac{C}{f_g f_b f_w P}\right)^r \cdot \frac{33.3}{N} \, [\text{hr}]$$

(2) 베어링 수명계산

$$L_n = \left(\frac{C}{P \cdot f_w}\right) \times 10^6 \, [\text{rev}]$$

여기서, C : 베어링이 받을 수 있는 하중(동정격하중)
P : 베어링에 받는 하중(사용하중)

(3) 수명계수

$$f_h = \frac{C}{P \cdot f_w} \cdot f_n = \frac{C}{P \cdot f_w} \sqrt[r]{\frac{33.3}{N}}$$

(4) 속도계수

$$f_n = \sqrt[r]{\frac{33.3}{N}}$$

(5) 등가하중

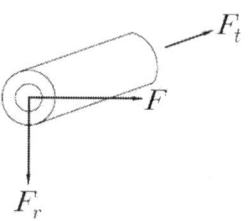

여기서, F_r : 환산 전의 레이디얼 하중
F_t : 환산 전의 스러스트 하중
X : 레이디얼 계수
Y : 스러스트 계수
V : 회전계수

■ P를 구하는 방법

① 등가 레이디얼 하중 : $P = XVF_r + YF_t$

② 등가 스러스트 하중 : $P = XF_r + YF_t$

③ 평균 등가하중 : $P_m = \dfrac{2P_{\max} + P_{\min}}{3}$

제 5 장 베어링

[구름 베어링의 부하용량]

형식		단열 레이디얼 볼 베어링				복열 자동조심형 볼 베어링			
형식번호		6,200		6,300		1,200		1,300	
번호	안지름 (mm)	C [kN]	C_0 [kN]	C [kN]	C_0 [kN]	C [kN]	C_0 [kN]	C [kN]	C_0 [kN]
00	10	4	1.95	6.20	3.65	4.20	1.40	5.55	1.90
01	12	5.35	2.95	8.00	4.30	4.80	1.50	7.40	2.50
02	15	6.00	3.55	8.75	5.15	5.75	2.05	7.50	2.70
03	17	7.50	4.45	10.50	6.20	6.00	2.45	9.80	375
04	20	9.95	6.50	12.50	7.70	7.85	3.20	9.80	4.00
05	25	10.90	7.10	16.30	10.35	9.45	4.10	14.10	6.00
06	30	15.20	10.00	21.80	14.50	12.20	4.65	16.30	7.70
07	35	20.00	13.58	25.90	17.25	12.30	6.35	19.50	9.60
08	40	22.70	15.65	32.00	21.80	14.70	8.15	23.10	12.00
09	45	25.40	18.15	41.50	28.70	16.60	9.10	29.70	15.50
10	50	27.50	21.10	48.00	35.40	17.20	10.15	34.00	17.00

(6) 한계속도지수

구름 베어링에서는 최대속도를 제한하여야만 구름 접촉(Rolling Contact)을 유지한다. 그러므로 dN을 정하여 최대 회전수를 제한한다.
한계속도지수는 다음 표와 같다.

[윤활법과 한계 dN값]

베어링 형식	그리스 윤활	윤활유				
		유욕 윤활	적하 무상	강제	분무	제트
① 단열 고정형 레이디얼 베어링	200,000	300,000	400,000	600,000	700,000	1,000,000
② 복열 자동조심 볼 베어링	150,000	250,000	400,000	—	—	—
③ 단열 앵귤러콘텍트 볼 베어링	200,000	300,000	400,000	600,000	700,000	1,000,000
④ 원통 롤러 베어링	150,000	300,000	400,000	600,000	700,000	1,000,000

[제 5-2 장] 미끄럼 베어링(Sliding Bearing)

(1) 앤드저널

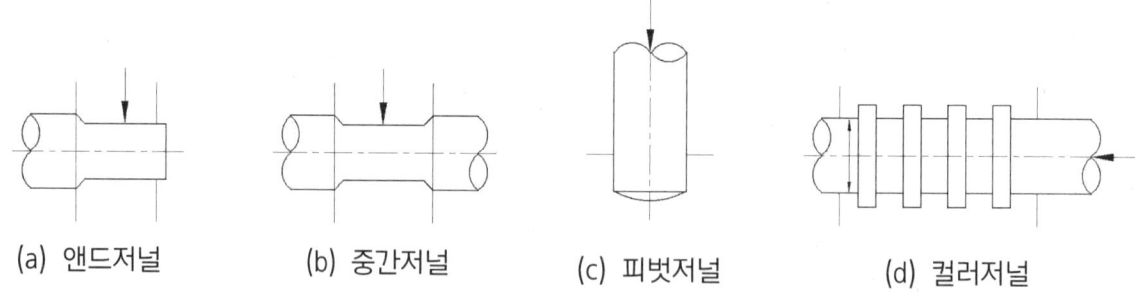

(a) 앤드저널　　(b) 중간저널　　(c) 피벗저널　　(d) 컬러저널

[저널의 분류]

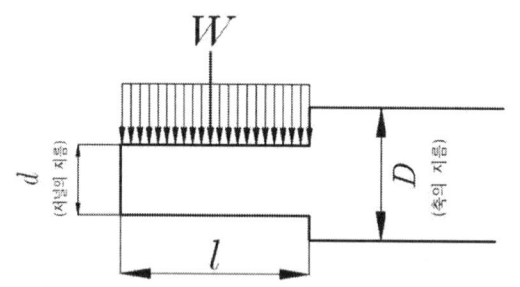
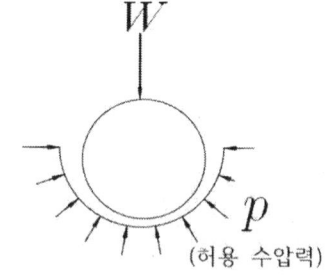

$$W = p \cdot A = p \cdot d \cdot l \text{(투상면적)}$$

$$\sigma = \frac{M}{Z} = \frac{W \cdot \frac{l}{2}}{\frac{\pi d^3}{32}} = \frac{32 \cdot W \cdot \frac{l}{2}}{\pi d^3}$$

$$= \frac{16\,Wl}{\pi d^3} = \frac{16\,p\,dl \cdot l}{\pi d^3} = \frac{16\,p\,l^2}{\pi d^2}$$

■ 폭경비

$$\frac{l}{d} = \sqrt{\frac{\pi \sigma}{16 p}}$$

(2) 중간저널

전길이 L과 저널의 길이 l과의 비를 $\dfrac{L}{l}=e$ 라 하면 $L=el=1.5l$가 보통이므로

$$d=\sqrt[3]{1.27\dfrac{P\times 1.5l}{\sigma_a}}$$

$$=\sqrt[3]{\dfrac{1.27\times 1.5pdl^2}{\sigma_a}}$$

$$\therefore\ \dfrac{l}{d}=\sqrt{\dfrac{\sigma_a}{1.9p}}$$

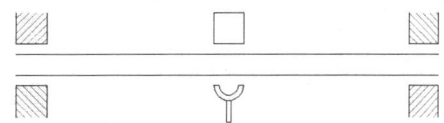

(3) 마찰열

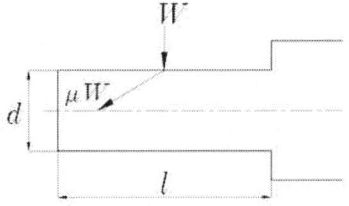

- $F\cdot V[\text{Nm/s=J/S}]$: 단위시간당 발생한 마찰일량

- $\mu\cdot W\cdot V=\mu\cdot p\cdot A\cdot V=\mu\cdot p\cdot d\cdot l\cdot\dfrac{\pi dN}{60\times 1000}$

  여기서, d: 평균지름

① 마찰일량

$$A_f=F\cdot V=\mu\cdot W\cdot V[\text{Nm/s=J/S}]$$

여기서, V : 평균속도

② 비마찰일량

$$a_f=\dfrac{\mu\cdot W\cdot V}{A}=\mu\cdot p\cdot V[\text{Pa}\cdot\text{m/s}]$$

Reference

$$75H_{RW} = \mu \cdot W \cdot V \cdot Q = \mu \cdot W \cdot V = mC\Delta T[\text{kJ/s}]$$

(4) 추력 저널(Trust Journal)

① 피벗 저널(Pivot Journal)

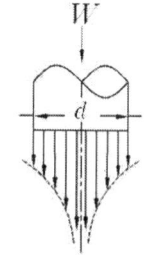

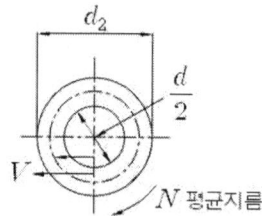

여기서, A_f : 단위시간당 마찰일량(kg · m/s)

a_f : 비마찰일량(kg/mm² · m/s)

$$A_f = \mu W V = \mu p \frac{\pi d^2}{4} \cdot \frac{\pi\left(\dfrac{d}{2}\right)N}{60 \times 1000}$$

$$a_f = \mu p V = \mu \frac{W4}{\pi d^2} \cdot \frac{\pi\left(\dfrac{d}{2}\right)N}{60 \times 1000} = \mu \frac{WN}{30000d}$$

$$W = pA = p \cdot \frac{\pi(d_2^2 - d_1^2)}{4}$$

$$A_f = \mu WV = \mu p \frac{\pi(d_2^2 - d_1^2)}{4} \cdot \frac{\pi(d_2 + d_1)N}{60 \times 1000 \times 2}$$

$$a_f = \mu p V = \mu \frac{W4}{\pi(d_2^2 - d_1^2)} \cdot \frac{\pi(d_2 + d_1)W}{60 \times 1000 \times 2} = \mu \frac{WN}{30000(d_2 - d_1)}$$

② 칼라 피벗 저널

$$p = \frac{W4}{\pi(d_2^2 - d_1^2)Z}$$

$$A_f = \mu WV = \mu p \frac{\pi(d_2^2 - d_1^2)}{4} Z \frac{\pi\left(\frac{d_2 + d_1}{2}\right)N}{60 \times 1000}$$

$$a_f = \mu p V = \mu \frac{W4}{\pi(d_2^2 - d_1^2)Z} \frac{\pi\left(\frac{d_2 + d_1}{2}\right)N}{60 \times 1000} = \mu \frac{WN}{30000(d_2 - d_1)Z}$$

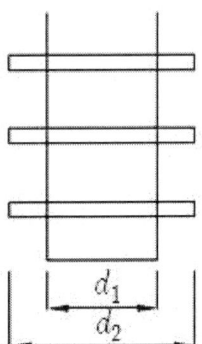

■ 비마찰일량($\mu p V$)과 발열계수(pV)

비마찰일량과 발열계수는 단위(kPa • m/s)가 같다.

$$pV = \frac{WN}{30000(d_2 - d_1)Z}$$

예상문제

01

단열 레이디얼 볼베어링(No. 6308, C=32kN)에 그리스 윤활로 1.6kN의 레이디얼 하중(P)이 작용한다. 다음을 구하시오.(단, 한계속도지수(dN) 180000이다.)

(1) 이 베어링의 내경 : d(mm)

해설
$8 \times 5 = 40$

[답] 40mm

(2) 이 베어링의 최대 사용 회전수 : N(rpm)

해설
$N = \dfrac{dN}{d} = \dfrac{180000}{40} = 4500\text{rpm}$

[답] 4500rpm

(3) 이때의 베어링의 수명시간 : L_h(hr) (단, 하중계수 f_w=1.5이다.)

해설
$L_h = \left(\dfrac{C}{pf_w}\right)^3 \times 500 \times \dfrac{33.3}{N} = \left(\dfrac{32}{1.6 \times 1.5}\right)^3 \times 500 \times \dfrac{33.3}{4500}$

$= 8770.37\, hr$

[답] 8770.37hr

02

앤드저널(N=900rpm, W=5kN, P_a=8.5kPa, 발열계수 $p \cdot v$=2N/mm²•m/s, $\mu = 0.006$)일 때 다음을 구하시오.

(1) 저널의 길이(l)와 지름(d)[mm]

해설
$l = \dfrac{\pi WN}{60000 pv} = \dfrac{\pi \times 5000 \times 900}{60000 \times 2} = 117.81\text{mm}$

$d = \dfrac{W}{P_a l} = \dfrac{5}{8.5 \times 0.11781} \times 10^3 = 4993.08\text{mm}$

[답] l=117.81mm d=4993.08mm

(2) 저널의 허용굽힘응력 : σ_b(kPa)

해설
$\sigma_b = \dfrac{16Wl}{\pi d^3} = \dfrac{16 \times 5 \times 0.11781}{\pi \times 4.99308^3} = 0.02\text{kPa}$

[답] $\sigma_b = 0.02\text{kPa}$

(3) 마찰손실동력(kW)

해설
$H = \mu W \dfrac{\pi dN}{60 \times 1000} = 0.006 \times 5 \times \dfrac{\pi \times 4993.08 \times 900}{60 \times 1000} = 7.06\text{kW}$

[답] $H = 7.06\text{kW}$

03

회전수(N) 250rpm의 직경(d) 120mm의 수직축의 하단에 피봇 베어링이 있다. 베어링은 외경(d_2) 110mm, 내경(d_1) 75mm이다. 베어링 허용압력 $p=11$kPa, 마찰계수 $\mu=0.012$라면 마찰손실마력(H)(kW)은?

[해설]

$$H = \mu p \frac{\pi(d_2^2 - d_1^2)}{4} \frac{\pi \frac{d_1+d_2}{2} N}{60 \times 1000}$$

$$= 0.012 \times 11 \times \frac{\pi((110 \times 10^{-3})^2 - (75 \times 10^{-3})^2)}{4} \frac{\pi \frac{110+75}{2} \times 250}{60 \times 1000}$$

$$= 8.13 \times 10^{-4}$$

[답] 8.13×10^{-4}kW

04

6212 단열 레이디얼 볼 베어링(c=44kN)에 그리스 윤활로서 수명시간(L_h) 3,000시간의 수명을 주고자 한다. 다음 각 물음에 답하여라.
(단, 하중계수 f_w=1.5이고 한계속도 지수(dN)는 150.000이다.)

(1) 베어링의 최대 사용 회전수 : N(rpm)

[해설]
$$N = \frac{dN}{d} = \frac{150000}{12 \times 5} = 2500 \text{rpm}$$

[답] $N = 2500$rpm

(2) 베어링 하중 : P(kN)

[해설]
$$P = \frac{C}{f_w} \sqrt[3]{\frac{33.3 \times 500}{L_h \times N}} = \frac{44}{1.5} \times \sqrt[3]{\frac{33.3 \times 500}{3000 \times 2500}} = 3.83 \text{kN}$$

[답] $P = 3.83$kN

(3) 수명계수 : f_h

[해설]
$$f_h = \frac{C}{p f_w} \sqrt[3]{\frac{33.3}{N}} = \frac{44}{3.83 \times 1.5} \times \sqrt[3]{\frac{33.3}{2500}} = 1.82$$

[답] $f_h = 1.82$

해설

(4) 속도계수 : f_n

$$f_n = \sqrt[3]{\frac{33.3}{N}} = \sqrt[3]{\frac{33.3}{2500}} = 0.24$$

[답] $f_n = 0.24$

05

회전수(N) 420rpm으로 하중(W) 20kN을 받치는 엔드 저널에서 다음을 구하시오.

(1) 압력속도계수 $p \cdot v = 2$N/mm²·m/s라 할 때 저널의 길이 : l(mm)

해설
$$l = \frac{\pi WN}{60000 \times pv} = \frac{\pi \times 20 \times 10^3 \times 420}{60000 \times 2} = 219.91$$

[답] $l = 219.91$mm

(2) 저널의 허용굽힘응력 σ_b=600kPa이라면 저널의 지름 : d(mm)

해설
$$d = \sqrt[3]{\frac{16Wl}{\pi\sigma}} = \sqrt[3]{\frac{16 \times 20 \times 219.91}{\pi \times 600 \times 10^{-6}}} = 334.22$$

[답] d=334.22mm

(3) 베어링에 작용하는 평균압력 : p(kPa)

해설
$$p = \frac{PV}{V} = \frac{2 \times 10^3}{\frac{\pi 334.22 \times 420}{60 \times 1000}} = 272.11 kPa$$

[답] p=272.11kPa

06

회전수(N) 450rpm, 볼 베어링 하중(W) 212kN, 수명시간 L_h=60000hr, 하중계수 f_w=1.5일 때 다음 물음에 답하시오.

(1) 정격수명을 10^6 회전 단위로 계산하시오.

해설
$$L_n = L_h \times \frac{1}{500} \times \frac{N}{33.3} \times 10^6 = 60000 \times \frac{1}{500} \times \frac{450}{33.3} \times 10^6$$

$$= 1621.62 \times 10^6 rev$$

[답] L_n=1621.62×$10^6 rev$

(2) 부하용량 : C(kN)

해설
$$C = W \times f_w \times \sqrt[3]{1621.62} = 212 \times 1.5 \times \sqrt[3]{1621.62}$$

$$= 212 \times 1.5 \times \sqrt[3]{1621.62} = 3736$$

[답] C=3736kN

07

회전수(N) 900rpm으로 베어링 하중(W) 5kN을 받을 때 끝 저널 베어링의 길이(l)는 몇 mm인가?(단, pv=1.2N/mm²·m/sec이다.)

해 설
$$l = \frac{\pi WN}{60000 pv} = \frac{\pi \times 5 \times 10^3 \times 900}{60000 \times 1.2} = 196.35 \text{mm}$$

[답] l=196.35mm

08

회전수(N) 300rpm, 베어링 하중(W) 110kN을 받는 단열 레이디얼 볼 베어링의 동정격 하중(C)은 몇 kN인가?(단, $L_h = 60,000$시간이다.)

해 설
$$C = W \times \sqrt[3]{\frac{L_h N}{500 \times 33.3}} = 110 \times \sqrt[3]{\frac{60000 \times 300}{500 \times 33.3}} = 1128.96 kN$$

[답] C=1128.96kN

09

선박의 프로펠러 축의 지름(d)이 200mm로 (W)1kN의 스러스트를 받고 있다. 컬러 베어링의 컬러 바깥 지름(d_2)이 300mm로 최대허용압력(p)은 4kPa라고 하면 몇 개의 컬러가 필요한가?

해 설
$$Z = \frac{4W}{\pi(d_2^2 - d^2)p} = \frac{4 \times 1}{\pi(0.3^2 - 0.2^2) \times 4} = 6.36 = 7\text{개}$$

[답] Z=7개

10

선박 디젤 기관의 컬러 베어링이 회전수(N) 420rpm으로 9kN(W)의 스러스트 하중을 받는다. pv의 값을 계산하면 몇 $N/mm^2 \cdot m/s$인가?
(단, 컬러수(Z)=2개, 축지름(d_1) 100[mm], 컬러의 바깥지름(d_2) 220mm이다.)

해설
$$pv = \frac{WN}{30000(d_2-d_1)Z} = \frac{9\times 10^3 \times 420}{30000(220-100)\times 2} = 0.525$$
$$= 0.53 N/mm^2 \cdot m/s$$

[답] $pv = 0.53 N/mm^2 \cdot m/s$

11

원통 롤러 베어링 N206 회전수(N) 500rpm으로 (W)2kN의 베어링 하중을 지지하고 있다. 이때의 수명은 몇 시간인가?(단, C=15kN, f_w=1.5이다.)

해설
$$L_h = 500 \times \frac{33.3}{N} \times \left(\frac{15\times 10^3}{W\times f^w}\right)^{\frac{10}{3}} = 500 \times \frac{33.3}{500} \times \left(\frac{15\times 10^3}{2\times 10^3 \times 1.5}\right)^{\frac{10}{3}}$$
$$= 7117.17 hr$$

[답] L_h=7117.17hr

12

베어링 번호 1312 복열자동조심 볼 베어링(C=45kN)에 그리스 윤활로(L_h) 3,000시간의 수명을 주고자 한다. 다음을 구하시오.
(단, 하중계수 f_w=1.5이고 한계속도지수는 150,000이다.)

(1) 베어링의 최대 사용회전수 : N[rpm]

해설

$$\frac{150000}{12\times 5} = 2500 \text{rpm}$$

[답] $2500 rpm$

(2) 베어링 하중 : P_o[kN]

해설

$$P_o = \frac{C}{f_w}\sqrt[3]{\frac{500\times 33.3}{L_h N}} = \frac{45}{1.5}\times \sqrt[3]{\frac{500\times 33.3}{30000\times 2500}} = 3.91 kN$$

[답] $P_O = 3.91 kN$

(3) 수명계수 : f_h

해설

$$f_h = \sqrt[3]{\frac{L_h}{500}} = \sqrt[3]{\frac{3000}{500}} = 1.82$$

[답] $f_h = 1.82$

(4) 속도계수 : f_n

해설

$$f_n = \sqrt[3]{\frac{33.3}{N}} = \sqrt[3]{\frac{33.3}{2500}} = 0.24$$

[답] $f_n = 0.24$

13

외경(d_2) 80mm, 내경(d_1) 30mm인 피벗 저널이 직경 80mm의 수직축 하단에서 회전수(N) 600rpm으로 회전할 때 베어링 압력(p)을 18kPa라 하면 견뎌낼 수 있는 추력하중(W)은 얼마가 되겠는가? 또, 마찰계수를 μ=0.024라 할 때 마찰손실마력은 얼마가 되겠는가? $[H]\ [kW]$

해설

$$W = \frac{p\pi(d_2^2 - d_1^2)}{4} = \frac{18\times \pi \times (0.08^2 - 0.03^2)}{4} = 0.08 kN$$

$$H = \mu W V = \mu W \frac{\pi \frac{(d_2+d_1)}{2} N}{60\times 1000} = 0.024 \times 0.08 \times \frac{\pi \times \frac{80+30}{2}\times 600}{60\times 1000}$$

$$= 3.32 \times 10^{-3} kW$$

[답] $W = 0.08 kN,\ H = 3.32\times 10^{-3} kW$

14

베어링의 시간 수명(L_h)이 30000 시간이고, 회전속도(N) 350[rpm]으로 베어링 하중(W) 1.8[kN]을 받는 가장 적합한 단열 레이디얼 볼 베어링을 6200형에서 선정하시오.
(단, 하중계수 f_w=1.5이고, C는 동적부하 용량이고, C_o는 정적부하 용량을 나타낸다.)

형식		단열 레이디얼 볼 베어링			
형식 번호		6200		6300	
번호	안지름[mm]	$C[kN]$	$C_o[kN]$	$C[kN]$	$C_o[kN]$
06	30	15.20	10.00	21.80	14.50
07	35	20.00	13.85	25.90	17.25
08	40	22.70	15.65	32.00	21.80
09	45	25.40	18.15	41.50	29.70

해설

$$C = wf_w \sqrt[3]{\frac{L_h N}{500 \times 33.3}} = 1.8 \times 1.5 \times \sqrt[3]{\frac{30000 \times 350}{500 \times 33.3}}$$

$$= 23.15 kN = 25.40 kN$$

[답] 6209

15

회전수 n=300rpm이고 베어링 하중 P=5kN을 받는 엔드 저널의 허용굽힘응력이 σ_b=450kPa이다. 저널비가 $\dfrac{1}{d}$=2일 때 다음을 구하시오.

(1) 저널의 직경 : d(mm) (단, 정수로 구하시오.)

$$d = \sqrt{\dfrac{32W}{\pi \sigma_b}} = \sqrt{\dfrac{32 \times 5}{\pi \times 450}} \times 10^3 = 336.42 ≒ 337$$

[답] $d = 337mm$

(2) 저널의 길이 : l(mm) (단, 정수로 구하시오.)

$l = 2d = 2 \times 337 = 674$

[답] $l = 674mm$

(3) 베어링 압력: q(kPa)

$$q = \dfrac{W}{dl} = \dfrac{5}{337 \times 10^{-3} \times 674 \times 10^{-3}} = 22.01$$

[답] $q = 22.01 kPa$

(4) 압력 속도계수 : $q \cdot V(N/mm^2 \cdot m/s)$

$$q \cdot V = q \times \dfrac{\pi dn}{60 \times 1000} = 22.01 \times 10^{-3} \times \dfrac{\pi \times 337 \times 300}{60 \times 1000} = 0.12$$

[답] $q \cdot V = 0.12 N/mm^2 \cdot m/s$

O ENGINEER CONSTRUCTION EQUIPMENT

제 6 장

커플링

6-1 커플링
6-2 유니버설 이음
6-3 클러치

[제 6-1 장] 커플링

(1) 원통 커플링

$$T = PR$$
$$= \pi\mu W \frac{d}{2} \left(W = qd\frac{1}{2} (\text{투상면적}) \right)$$
$$= \pi\mu qd \frac{1}{2} \frac{d}{2}$$
$$= \frac{\pi\mu qld^2}{4}$$

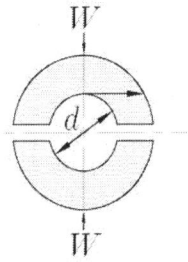

(2) 클램프 커플링(분할 원통 커플링)

$$T = PR = \mu\pi qd\frac{1}{2} \times \frac{d}{2} \left(W = q \cdot d \cdot \frac{l}{2} \right)$$
$$= \mu\pi Q \frac{Z}{2} \times \frac{d}{2} \left(W = Q \cdot \frac{Z}{2} \right)$$

여기서, Q : 리벳 1개에 작용하는 힘

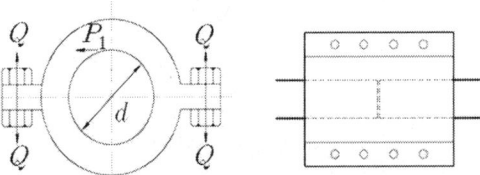

$$Q = \frac{4T}{\pi\mu Zd}$$

여기서, $T = 716200 \frac{H_{HP}}{N} = 974000 \frac{H_{kW}}{N} [kg \cdot mn]$

$$\sigma_B = \frac{P}{A} = \frac{Q}{\frac{\pi d^2}{4}}, \quad d = \sqrt{\frac{4Q}{\pi\sigma_B}}$$

여기서, σ_B : 볼트 1개, d : 볼트의 지름

(3) 플랜지 커플링

① 마찰과 볼트 전단 고려

$$T_{축} = T_{마찰} + T_{볼트전단}$$

$$\tau \cdot Z_p = \mu \cdot W \cdot \frac{D_f}{2} + \tau \cdot A \cdot Z \cdot \frac{D_B}{2}$$

$$\tau \cdot \frac{\pi d^3}{16} = \mu \cdot Q \cdot Z \cdot \frac{D_f}{2} + \tau \cdot \frac{\pi \delta^2}{4} \cdot Z \cdot \frac{D_B}{2}$$

일반적으로 $D_B = D_f$

여기서, D_B : 볼트의 피치원 지름

D_f : 플랜지 마찰면 평균지름

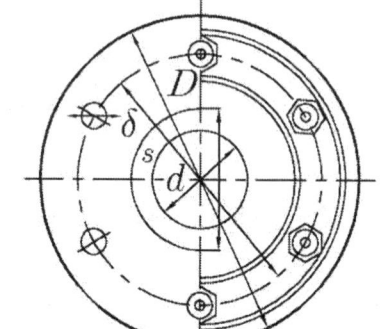

② 상급 플랜지

㉠ 볼트의 전단 위주의 설계

$$T = \tau \cdot \frac{\pi \delta^2}{4} \cdot Z \cdot \frac{D_B}{2}$$

㉡ 마찰 위주로 설계

$$T = \mu \cdot Q \cdot Z \cdot \frac{D_f}{2} \left(\sigma = \frac{4Q}{\pi \delta^2} \right)$$

㉢ 플랜지의 전단 위주로 설계

$$T = PR$$
$$\quad = \tau \cdot A \cdot r \text{ (힘이 있는 곳에서 지점까지의 거리)}$$
$$\quad = \tau \cdot 2\pi r t \cdot r = \tau \cdot 2\pi r^2 t$$

$$\tau_{축} \times \frac{\pi d_{축}^3}{16} = \tau \cdot 2\pi r^2 t$$

[제 6-2 장] 유니버셜 이음

각속도는 축이 $\frac{1}{4}$ 회전할 때마다 최소 $\cos\alpha$ 배부터 최대 $\frac{1}{\cos\alpha}$ 배 까지 변동

$$\frac{\omega_B}{\omega_A} = \frac{\cos\alpha}{1-\sin^2\theta\sin^2\alpha}$$

여기서, θ : 원동축의 회전각, α : 30° 이하

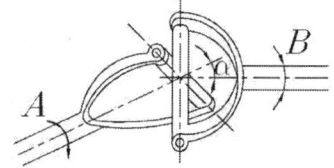

ω의 변동이 없도록 하기 위하여
유니버셜 이음 2개를 이용한다.

[제 6-3 장] 클러치

(1) 클로 클러치(맞물림)

■ 잘라지는 힘의 원인
① 굽힘 모멘트
② 비틀림 모멘트 (T)
③ 측압 (q)

즉, 위의 세 가지에 대하여 안전하게 설계해야 한다.

$M = P_t \cdot h$

$Z = \dfrac{tb^2}{6}$

$t = \dfrac{D_2 + D_1}{2}$

$T = P_t \cdot Z \cdot \dfrac{D_2 + D_1}{4}$

$P_t = \dfrac{4T}{Z(D_2 + D_1)}$

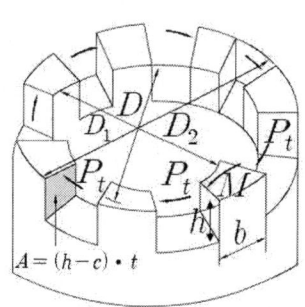

① 굽힘

$$\sigma = \frac{M}{Z} = \frac{M}{\frac{tb^2}{6}} = \frac{6P_t \cdot h}{tb^2} = \frac{6 \cdot 4T \cdot h}{tb^2 \cdot Z(D_2+D_1)}$$

$$= \frac{24Th}{\frac{D_2-D_1}{2}b^2 \cdot Z(D_2+D_1)}$$

$$= \frac{48Th}{b^2 \cdot Z(D_2^2-D_1^2)}$$

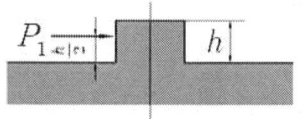

② 측압

$$T = PR = q(h-c) \cdot t \cdot Z \cdot \frac{(D_2+D_1)}{4}$$

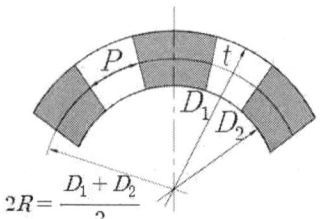

$$2R = \frac{D_1+D_2}{2}$$

③ 비틀림

$$T = PR = \tau \cdot A \cdot \frac{D}{2} = \tau \cdot \frac{\pi(D_2^2-D_1^2)}{4} \cdot \frac{1}{2} \cdot \frac{(D_2+D_1)}{4}$$

$$= \frac{\tau\pi(D_2^2-D_1^2)(D_2+D_1)}{32}$$

$$= \frac{\tau\pi(D_2+D_1)^2(D_2-D_1)}{32}$$

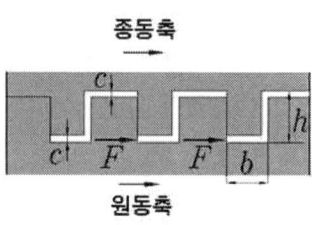

(2) 원판 클러치 (단판)

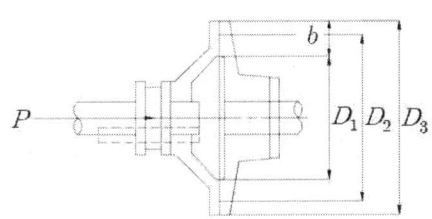
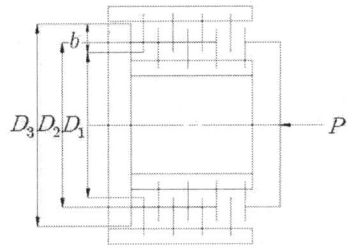

[단판 클러치와 다판 클러치]

$$T = PR$$

$$= \mu \cdot W \cdot \frac{D}{2} = \mu \cdot q \cdot \frac{\pi(D_2^1 - D_1^2)}{4} \cdot \frac{D}{2}$$

$$= \mu \cdot q \cdot \pi \frac{(D_2 + D_1)}{2} \cdot \frac{(D_2 - D_1)}{2} \cdot \frac{D}{2}$$

$$\left(D = \frac{D_2 + D_1}{2}, b = \frac{D_2 - D_1}{2}\right)$$

$$= \mu \cdot q \cdot \pi \cdot D \cdot b \cdot \frac{D}{2} \text{ (단판)}$$

$$= \mu \cdot q \cdot \pi \cdot D \cdot b \cdot \frac{D}{2} \cdot Z \text{ (다판)}$$

$$H_{kW} = FV = \mu WV$$

$$W = q\frac{\pi\left(D_2^2 - D_1^2\right)}{4} = q\pi Db$$

$$V = \frac{\pi DN}{60 \times 1000}$$

(3) 원추 클러치

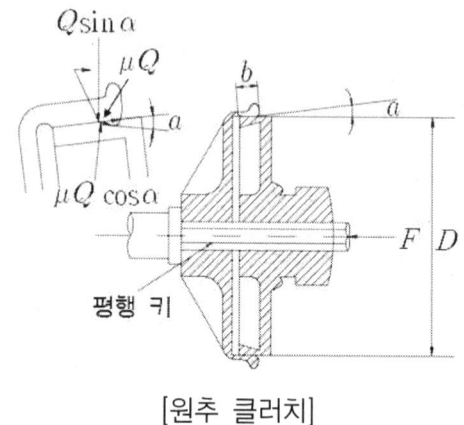

[원추 클러치]

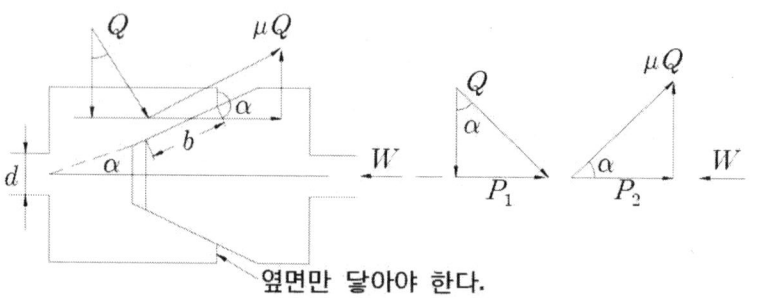

$W = P_1 + P_2 = Q\sin\alpha + \cos\alpha$

기어 전까지는 $T = PR$로 풀이하는 것이 편하고 이후에는 $H_{kW} = FV$로 풀이하는 것이 편한다.

⬤ Reference

$Q = \dfrac{W}{\mu\cos\alpha + \sin\alpha}$ $\qquad \mu'(\text{상당마찰계수}) = \dfrac{\mu}{\mu\cos\alpha + \sin\alpha}$

$T = PR = \mu \cdot Q \cdot \dfrac{D}{2} = \mu \cdot \pi Dbq \cdot \dfrac{D}{2} = \mu \cdot \dfrac{W}{\sin\alpha + \mu con\alpha} \cdot \dfrac{D}{2} = \mu' \cdot W \cdot \dfrac{D}{2}$

예상문제

01

그림과 같은 연강제 클로 클러치에서 7kW, 200rpm으로 동력을 전달할 때 다음 사항을 구하시오.

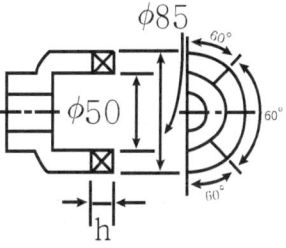

(1) 비틀림 모멘트(T)를 구하시오. [kJ]

해설

$$T = 974 \times \frac{H}{N} \times 9.8 = 974 \times \frac{7}{200} \times 9.8 \times 10^{-3} = 0.33 \text{kJ}$$

[답] T = 0.33kJ

(2) 클로의 높이(h)를 구하시오.
(단, 허용면압(P_a)은 200MPa이다. [mm])

해설

$$T = P_a \cdot h \frac{D_2 - D}{2} \cdot Z \frac{D_2 - D_1}{4}$$

$$h = \frac{8T}{P_a(D_2 - D_1)Z(D_2 + D_1)}$$

$$= \frac{8 \times 0.33 \times 10^3}{20 \times 10^3 (85 - 50) \times 10^{-3} \times 3 (85 + 50) \times 10^{-3}}$$

$$= 9.31 mm$$

[답] h = 9.31mm

(3) 클로의 뿌리에 생기는 전단응력(τ)을 구하여라. [kPa]

해설

$$T = \tau \frac{\pi(D_2^2 - D_1^2)}{4} \frac{1}{2} \frac{D_2 - D_1}{4}$$

$$\tau = \frac{32T}{\pi(D_2^2 - D_1^2)(D_2 + D_1)}$$

$$= \frac{32 \times 0.33}{\pi((85 \times 10^{-3})^2 - (50 \times 10^{-3})^2)((85 \times 10^{-3}) + (50 \times 10^{-3}))}$$

$$= 5269.31 kPa$$

[답] τ = 5269.31kPa

02

그림과 같이 지름 95mm의 축을 이음하는 클램프 커플링에 있어서 M32의 볼트를 사용할 때 다음을 구하시오.
(단, 축의 허용전단응력 τ=200kPa이고
μ=0.25이며 마찰력으로만 동력을 전달한다.)

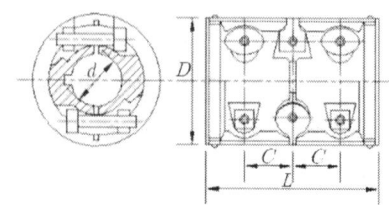

(1) 전동 토크 : T(kJ)

해설

$$T = \tau \frac{\pi d^3}{16} = 200 \times \frac{\pi \times (95 \times 10^{-3})^3}{16} = 0.03 \text{kJ}$$

[답] T=0.03kJ

(2) 축을 졸라매는 힘 : W(kN)

해설

$$W = \frac{2T}{\pi \mu d} = \frac{2 \times 0.03}{0.25 \times \pi \times 95 \times 10^{-3}} = 0.8 \text{kN}$$

[답] W=0.8kN

(3) 볼트에 생기는 인장응력 : σ_t[kPa]

해설

$$\sigma_t = \frac{4 + 2W}{\pi d^2 Z} = \frac{4 \times 2 \times 0.8}{\pi \times (32 \times 10^{-3})^2 \times 6} = 331.57$$

[답] σ_t=331.57kPa

03

축지름(d)12mm의 플랜지 축이음이 회전수(N) 300rpm으로 마력(H) 200kW를 전달하고 있다. 플랜지 보스의 지름(D_1)을 230mm, 플랜지의 두께(t)를 40mm라고 하면 플랜지 보스에 생기는 전단응력(τ)은 몇 kPa인가?

해설

$$\tau = \frac{974 \times \frac{H}{N} \times 9.8}{2\pi \left(\frac{D_1}{2}\right)^2 t} = \frac{974 \times \frac{220}{800} \times 9.8}{2\pi \times \left(\frac{0.23}{2}\right)^2 \times 40 \times 10^{-3}} \times 10^{-3} = 2105.96$$

[답] $\tau = 2105.96 kPa$

04

회전수(N) 1200rpm으로 마력(H) 20kW를 전달하는 단판 클러치의 안지름(D_1)을 구하면 몇 mm인가? (단, 클러치 접촉면의 마찰계수(μ)를 0.25, 접촉면 압력(P)을 $200kPa$, 접촉면의 평균지름(D_m)을 200mm라고 한다.)

해 설

$$D_1 = D_m - \frac{2 \times 974 \times \frac{H}{N} \times 9.8}{\mu \pi D_m^2 P} = 200 - \frac{2 \times 974 \times \frac{20}{1200} \times 9.8}{0.25 \times \pi \times (0.2)^2 \times 200} = 149.36$$

[답] $D_1 = 149.36mm$

05

접촉면의 평균지름(D_m) 380mm, 원추각($2a$) 20°의 원추 클러치를 회전수(N) 800rpm으로 마력(H) 20kW를 전달한다. 마찰계수(μ)를 0.3이라고 하면 축방향으로 미는 힘(W)은 몇 (kN)인가?

해 설

$$T = 974 \times \frac{H}{N} \times 9.8 = 974 \times \frac{20}{800} \times 9.8 = 238.63 J$$

$$\mu' = \frac{\mu}{\mu \cos a + \sin a} = \frac{0.3}{0.3 \times \cos 10 + \sin 10} = 0.64$$

$$W = \frac{2T}{\mu' D_m} = \frac{2 \times 238.63}{0.64 \times 0.38} \times 10^{-3} = 1.96 kN$$

[답] $W = 1.96 kN$

06

안지름(D_1) 40mm, 바깥지름(D_2) 60mm, 접촉면의 수(Z)가 14인 다판 클러치에 의하여 회전수(N) 1,500rpm으로 마력(H) 4kW를 전달한다. 마찰계수 $\mu = 0.25$라 할 때 다음을 구하시오.

(1) 전동 토크 : T(J)

$$T = 974 \times \frac{H}{N} \times 9.8 = 974 \times \frac{4}{1500} \times 9.8 = 25.45 J$$

[답] $T = 25.45 J$

(2) 축방향으로 미는 힘 : P_1(kN)

$$P_1 = \frac{4T}{\mu(D_1 + D_2)} = \frac{4 \times 25.45 \times 10^{-3}}{0.25 \times (0.04 + 0.06)} = 4.07$$

[답] $P_1 = 4.07 kN$

(3) $p \cdot v$값을 검토하고 안전, 불안전으로 답하시오.
(단, 허용 $p \cdot v$값은 $(p \cdot v)_a = 2 N/mm^2 m/s$이다.)

$$pv = \frac{4P_1}{\pi(D_2^2 - D_1^2)Z} \times \frac{\pi(D_1 + D_2)N}{60 \times 1000 \times 2}$$

$$= \frac{4 \times 4,800}{\pi(60^2 - 40^2)14} \times \frac{\pi \times (40 + 60) \times 1,500}{60 \times 1000 \times 2} = 0.73$$

$$0.73 < 2$$

[답] 안전

07

그림은 회전수(N) 1750rpm으로 마력(H) 5kW인 전동기에 직결한 기어감속장치의 입력축이다. 축의 재료는 SM40C로서 허용전단응력 $\tau_a = 1000 kPa$, 하중(W) = 0.7kN 축의 끝은 $a = 15°$인 원추 클러치로서 이음하고자 한다. 원추면의 마찰계수 $\mu = 0.1$ 이다. 다음을 구하시오.

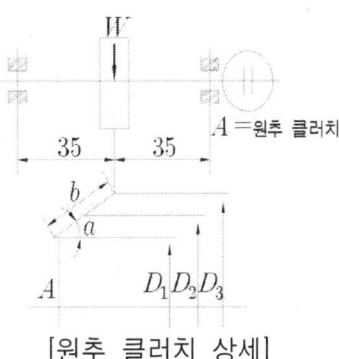

[원추 클러치 상세]

(1) 축의 상당 비틀림 모멘트 : T_e [J] (단, 축자중은 무시한다.)

해설

$$M = \frac{Wl}{4} = \frac{0.7 \times (35+35)}{4} = 12.25 J$$

$$T = 974 \times \frac{H}{N} \times 9.8 = 974 \times \frac{5}{1750} \times 9.8 = 27.27 J$$

$$T_e = \sqrt{M^2 + T^2} = \sqrt{12.25^2 + 27.27^2} = 29.90 J$$

[답] 29.90J

(2) 축의 지름을 표에서 선정하시오.

(단, 키홈의 영향을 고려하여 $\frac{1}{0.75}$ 배를 한다.)

| $d[mm]$ | 60 | 65 | 70 | 75 | 80 |

해설

$$d = \frac{1}{0.75} \sqrt[3]{\frac{10 T_e}{\tau_n \pi}} = \frac{1}{0.75} \sqrt[3]{\frac{16 \times 29.9}{1,000 \times 10^3 \times \pi}} \times 10^3 = 71.20 = 75$$

[답] 75

(3) 원추 클러치의 최대지름 및 최소지름 : D_2[mm] 및 D_1[mm]

(단, 허용면압 P_a=120kPa, 평균지름, D_m=120mm)

해설

$$b = \frac{2T}{\pi \mu D_m^2 P_a} = \frac{2 \times 27.27}{\pi \times 0.1 \times 0.12^2 \times 120 \times 10^3} \times 10^3 = 100.5 mm$$

$$D_2 = D_m + b \sin a = 120 + 100.5 \times \sin 15 = 146 mm$$

$$D_1 = D_m - b \sin a = 120 - 100.5 \times \sin 15 = 94 mm$$

[답] D_2=146mm, D_1=94mm

(4) 원추 클러치를 미는 축방향의 힘 : F[kN]

$$F = \frac{2T(\mu\cos a + \sin a)}{\mu D_m}$$

$$= \frac{2 \times 27.27 \times (0.01 \times \cos 15 + \sin 15)}{0.1 \times 0.12} > 10^{-3} = 1.61 kN$$

[답] 1.61kN

08

접촉면의 바깥지름(D_2) 75mm, 안지름(D_1) 45mm의 다판 클러치로서 (N) 1750mm으로 마력(H) 5kW을 전달하는 데 필요한 접촉면의 수 (Z)는 몇 개인가?
(단, μ=0.2, P=200kPa 라고 한다.)

$$T = 974 \times \frac{H}{N} \times 9.8 = 974 \times \frac{5}{1750} \times 9.8 = 27.27 J$$

$$Z = \frac{16T}{\pi\mu(D_2^2 - D_1^2)p(D_1 + D_2)}$$

$$= \frac{16 \times 27.27}{\pi \times 0.2 \times (0.075^2 - 0.045^2) \times 200 \times 10^3 \times (0.045 + 0.075)}$$

$$= 5.04 = 9개$$

[답] 9개

09

마력(H)5kW, 회전수(N)2000rpm의 동력을 원추클러치로 전달한다. 클러치의 재질은 주철로서 $2\alpha=30°$, $\mu=0.15$로 하였을 때 다음 사항에 답하시오..
(평균지름 D_m=90mm, 마찰면의 허용압력 p=600kPa이다.)

(1) 마찰면 폭 b[mm]을 구하시오.

$$T = 974 \times \frac{H}{N} \times 9.8 = 974 \times \frac{5}{2000} \times 9.8 = 23.86 J$$

$$b = \frac{2T}{\pi\mu D_m^2} = \frac{2 \times 23.86}{\pi \times 0.15 \times 600 \times 10^3 \times 0.09^2} \times 10^3 = 20.84 mm$$

[답] 20.84mm

(2) 마찰면의 안지름 D_1[mm]과 바깥지름 D_2[mm]을 구하시오.

$$D_1 = D_m - b\sin\alpha = 90 - 20.84 \times \sin 15 = 84.61 mm$$
$$D_2 = D_m + b\sin\alpha = 90 + 20.84 \times \sin 15 = 95.39 mm$$

[답] $D_1 = 84.61mm, D_2 = 95.85mm$

(3) 축방향의 힘(F)[kN]은 얼마인가?

$$F = \frac{2T(\mu\cos\alpha + \sin\alpha)}{D_m \cdot \mu}$$

$$= \frac{2 \times 2.86 \times (0.15 \times \cos 15 \times \sin 15)}{0.09 \times 0.15} \times 10^{-3} = 1.43 kN$$

[답] $1.43 kN$

10

SM 45C, $\tau_a = 30$MPa, H=22kW, N=1440rpm일 때 다음을 구하시오

(1) 전달 토크 T[kJ]와 축지름 d[mm]

$$T = 974 \times \frac{H}{N} \times 9.8 = 974 \times \frac{22}{1,440} \times 9.8 \times 10^{-3} = 0.15$$

$$d = \sqrt[3]{\frac{16T}{\tau_a \pi}} = \sqrt[3]{\frac{16 \times 0.15 \times 10^3}{30 \times 10^6 \times \pi}} \times 10^3 = 29.42$$

[답] $T = 0.15 kN, d = 29.24 mm$

(2) M10, Z=4개, D_B=175mm일 때 플랜지 연결 볼트의 전단응력:
$\tau_B[kPa]$ (단, 보스의 길이(l): 45mm, 플랜지의 두께(t): $16mm$, 키의 폭(b): 7mm)

해설
$$\tau_B = \frac{8T}{\pi\delta^2 ZD_B} = \frac{8 \times 0.15 \times 10^3}{\pi \times 4 \times (0.01)^2 \times 0.175} \times 10^{-3} = 5456.74$$

[답] $\tau_B = 5456.74$kPa

(3) 플랜지의 보스 뿌리부의 지름 (D_2) 112mm에 생기는 전단응력 τ_P [kPa], 키의 전단응력 τ_R [kPa]

해설
$$\tau_P = \frac{4T}{2\pi D_2^2 t} = \frac{2 \times 0.15}{\pi \times (0.112)^2 \times 0.016} = 475.79$$

$$\tau_R = \frac{2T}{dbl} = \frac{2 \times 0.15}{29.42 \times 10^{-3} \times 0.007 \times 0.045} = 32371.89$$

[답] τ_P=475.79, τ_R=32371.89

(4) 보스 뿌리부 부분의 회전력 : [kN]

해설
$$P = \frac{T}{\frac{D^2}{2}} = \frac{0.15 \times 2}{0.112} = 2.68$$

[답] $P = 2.68kN$

11

접촉면의 안지름(D_1) 154mm, 원추각(α)20°, 접촉면의 폭(b) 30mm의 원추 클러치가 회전수 (N) 200rpm으로 회전할 때 몇 마력(H) [kW]을 전달할 수 있는가?
(단, $\mu = 0.2$, $p = 0.3mPa$이다.)

해설
$$D_m = D_1 + b\sin\frac{\alpha}{2} = 154 + 30\sin\frac{20}{2} = 159.21$$

$$T = \mu P \cdot \pi D_m b \frac{D_m}{2}$$

$$= 0.2 \times 0.3 \times 10^6 \times \pi \times 159.21 \times 10^{-3} \times 30 \times 10^{-3} \times \frac{159.21 \times 10^{-3}}{2} = 71.67J$$

$$T = 974\frac{H}{N} \times 9.8$$

$$H = \frac{TN}{974 \times 9.8} = \frac{71.67 \times 200}{974 \times 9.8} = 1.5kW$$

[답] $1.5kW$

O ENGINEER CONSTRUCTION EQUIPMENT

제 7 장

리벳이음

7-1 리벳이음의 강도
7-2 리벳의 지름과 피치의 크기
7-3 효율 (η)
7-4 편심하중을 받는 리벳이음

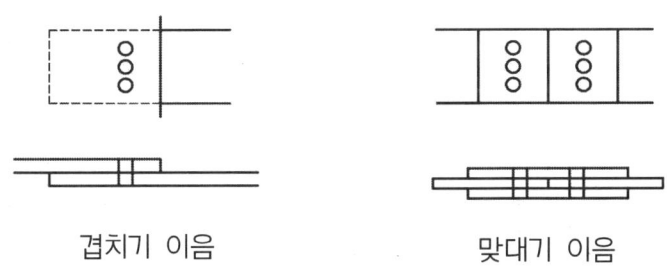

겹치기 이음   맞대기 이음

■ **최대허용하중(1피치를 기준으로 할 때)**

$W_S(전단하중) = \dfrac{\pi d^2}{4} \cdot n \cdot \tau$

$W_c(압축하중) = d \cdot t \cdot n \cdot \sigma_c$

$W_t(인장하중) = (p - d_0) \cdot t \cdot \sigma_t$

W_s, W_c, W_t의 값 중 가장 작은 값을 선택하여, 리벳의 기밀을 코킹과 풀러링을 한다.

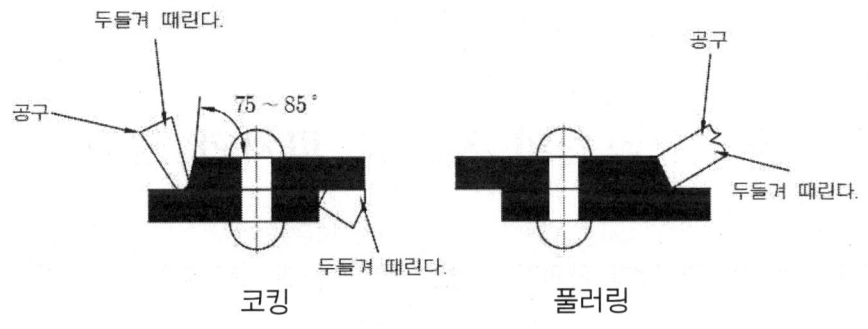

코킹   풀러링

[제 7-1 장] 리벳이음의 강도

(1) 리벳의 전단(τ)

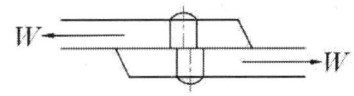

$W = \dfrac{\pi d^2}{4} \cdot \tau \cdot n$

(2) 판의 가장자리의 전단(τ)

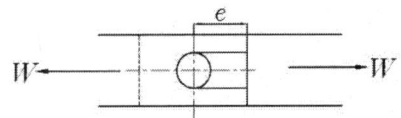

$W = 2 \cdot e \cdot t \cdot \tau$

(3) 구멍 사이의 절단

$$W = (p-d)t \cdot \sigma$$

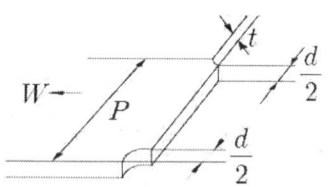

(4) 판 또는 리벳의 압궤(σ)

$$W = \sigma \cdot d \cdot t \cdot n$$

여기서, $d \cdot t$: 투영면적, n : 개수

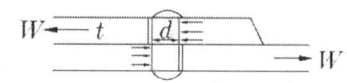

(5) 굽힘에 의한 절개(σ)

$$W = \frac{\sigma \cdot t(2e-d)^2}{3 \cdot d} \qquad \sigma = \frac{M}{Z}$$

(M이 지나간 쪽을 h로 놓는다.)

$$Z = \frac{bh^2}{6} = \frac{t(2e-d)^2}{4 \times 6} \qquad M = \frac{W}{2} \cdot \frac{d}{4} = \frac{Wd}{8}$$

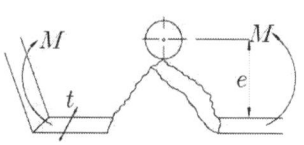

[제 7-2 장] 리벳의 지름과 피치의 크기

리벳이 전단되는 경우와 압축 파괴되는 경우 전단저항과 압축저항이 같다고 하면,

$$\frac{\pi}{4}d^2\tau = dt\sigma_c$$

$$\therefore d = \frac{4t\sigma_c}{\pi\tau}$$

또 리벳이 전단되는 경우의 전단저항과 판이 전단될 때 인장저항이 같다고 하면,

$$\frac{\pi}{4}d^2\tau = (p-d)t\sigma_c$$

$$\therefore p = d + \frac{\pi d^2 \tau}{4t\sigma_c}$$

전단면의 수가 n개인 경우에는,

$$p = d + \frac{\pi d^2 n \tau}{4t\sigma_c}$$

[제 7-3 장] 효율 (η)

(1) 판의 효율

$$\eta_t = \frac{1피치\ 폭의\ 구멍뚫린\ 판의\ 인장파괴하중}{1피치\ 폭\ 판의\ 인장파괴하중}$$

$$= \frac{\sigma(p-d)t}{\sigma \cdot p \cdot t} = 1 - \frac{d}{p}$$

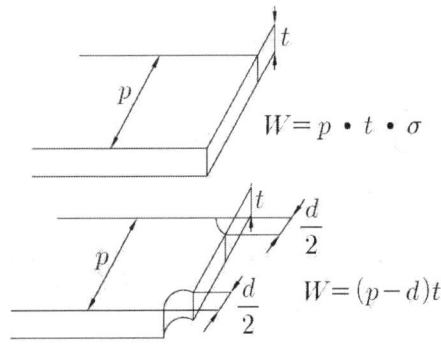

$W = p \cdot t \cdot \sigma$

$W = (p-d)t$

(2) 리벳의 효율

$$\eta_s = \frac{\tau \cdot \frac{\pi d^2}{4} \cdot n}{\sigma \cdot p \cdot t} = \frac{\tau \cdot \pi d^2 \cdot n}{\sigma \cdot p \cdot t \cdot 4}$$

$$W = \tau \frac{\pi d^2}{4} n$$

여기서, n : 전단면의 수

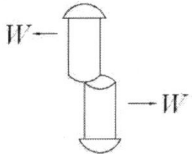

(3) 최대효율

최대효율 시 $\eta_s = \eta_t$ 이므로,

$$p = \frac{\tau \cdot \pi d^2 \cdot n}{4\sigma t} + d$$

■ 보일러판의 두께 계산

$$\sigma_1 = \frac{PD}{4t},\ t = \frac{PD}{4\sigma_1}$$

$$\sigma_2 = \frac{PD}{2t},\ t = \frac{PD}{2\sigma_c}$$

여기서, σ_1 : 원주이음
σ_2 : 축이음

$$S = \frac{극한\sigma}{허용\sigma} > 1$$

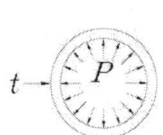
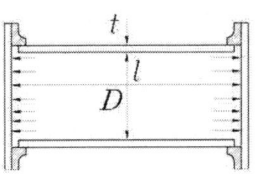

$$t = \frac{PDS}{2\sigma\eta} \times 10^3 + C$$

여기서, P : Pa

D : m

σ : Pa

S : 안전율

C : 부식여유 부식에 대한 상수(1mm)

[제 7-4 장] 편심하중을 받는 리벳이음

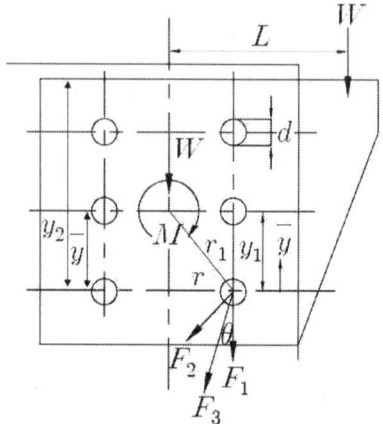

$$\cos\theta = \frac{r}{r_1}$$

① 도심

$$\bar{y} = \frac{\sum A\bar{y}}{\sum A} = \frac{\frac{\pi d^2}{4} \times Z_1 \times y_1 \times \frac{\pi d^2}{4} \times Z_2 \times y_2}{\frac{\pi d^2}{4} \times Z} = \frac{Z_1 y_1 + Z_2 y_2}{Z}$$

🔵 Reference
비틀림 모멘트가 제일 많이 받는 리벳의 지름을 구하여 같은 지름의 리벳으로 모두 리베팅 하여야 전체적으로 안전하다.

② **리벳 개개가 받는 힘**

$$F_1 = \frac{W}{Z}$$

여기서, F_1 : 리벳 1개가 받는 힘

③ **r을 구한다.**

피타고라스의 정리 이용

④ $W \cdot L = k(N_1 r_1^2 + N_2 r_2^2 + N_3 r_3^2 + \cdots)$

$$\therefore k[N/mm] = \frac{WL}{N_1 r_1^2 + N_2 r_2^2 + N_3 r_3^2}$$

여기서, WL : 모멘트
k : 비례상수
N : 리벳의 개수

⑤ $F_2 = k \cdot r_3$

여기서, r_3 : 먼거리

⑥ $F = \sqrt{F_1^2 + F_2^2 + 2F_1 F_2 \cos\theta}$

⑦ $\tau = \dfrac{4F}{\pi d^2},\ d = \dfrac{4F}{\pi \tau}$

여기서, F_3 : 리벳 1개에 작용하는 힘

예상문제

01

두께 t=8mm 1줄 겹치기 리벳이음에서 리벳지름 d=10mm, 판의 인장응력 σ_a=90MPa, 리벳의 전단응력 τ=70MPa일 때 1 피치를 기준으로 다음을 구하여라.

(1) 리벳의 전단강도 W_1[kN]

해설
$$W_1 = \tau\frac{\pi d^2}{4} = 70 \times 10^6 \times \frac{\pi(10 \times 10^{-3})^2}{4} \times 10^{-3} = 5.5$$

[답] W_1=5.5kN

(2) 효율을 최대로 하는 p(피치)

해설
$$\sigma(p-d)t = W_1$$
$$p = \frac{W_1}{\sigma t} + d = \frac{5.5}{90 \times 10^3 \times 8 \times 10^{-3}} \times 10^3 + 10 = 17.64$$

[답] p=17.64mm

(3) 리벳이음의 효율(%)

해설
$$\eta = \frac{\tau\pi d^2}{4\sigma tp} \times 100 = \frac{70 \times 10^6 \times \pi \times 10^2}{4 \times 90 \times 10^6 \times 8 \times 17.64} \times 100 = 43.29$$

[답] η=43.29%

02

두께 11mm의 강판을 2줄 리벳 겹치기 이음으로 연결할 때 리벳의 지름은 몇mm인가? (단, 강판의 인장강도(σ_t)를 340MPa, 리벳 및 강판의 압축강도(σ_c)를 240MPa, 리벳의 전단강도(τ)를 270MPa로 한다.)

해설
$$d = \frac{4\sigma_c T}{\tau\pi} = \frac{240 \times 4 \times 11}{270 \times \pi} = 12.45$$

[답] d=12.45mm

03

그림과 같은 리벳이음에서 편심하중 $W=25\text{kN}$을 받을 때 다음을 구하시오.

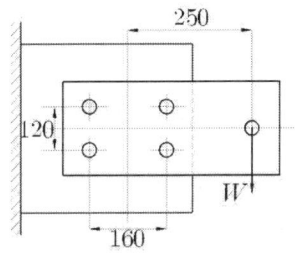

(1) 하중 W에 의하여 리벳에 작용하는 직접전단하중 : Q(kN)

$$Q = \frac{W}{Z} = \frac{25}{4} = 6.25$$

[답] Q=6.25kN

(2) 모멘트에 의하여 리벳에 작용하는 전단하중 : F(kN)

$$F = \frac{W \times 250}{Z \times (\sqrt{80^2 + 60^2})} = \frac{25 \times 250}{4 \times \sqrt{80^2 + 60^2}} = 15.63$$

[답] F=15.63kN

(3) 리벳에 작용하는 최대(합) 전단하중 : $R_{\max}$(kN)

$$R_{\max} = \sqrt{Q^2 + F^2 + 2QF \times \frac{80}{\sqrt{80^2 + 60^2}}}$$

$$= \sqrt{6.25^2 + 15.63^2 + 2 \times 6.25 \times 15.63 \frac{80}{\sqrt{80^2 + 60^2}}} = 20.97$$

[답] $R_{\max}$=20.97kN

(4) 리벳의 허용전단응력(τ_a)이 600MPa일 때, 리벳의 지름 : d(mm)

$$d = \sqrt{\frac{4R_{\max}}{\tau \pi}} = \sqrt{\frac{4 \times 20.97 \times 10^3}{600 \times 10^6 \times \pi}} \times 10^3 = 6.67$$

[답] $d = 6.67$

04

그림에서 (W)=20kN이 작용할 때 다음을 구하시오.
(단, 리벳의 지름은 d=21mm이다.)

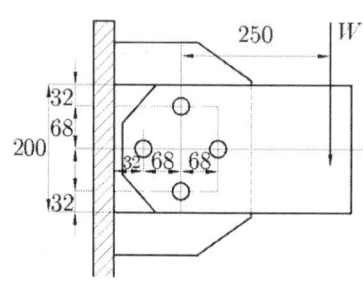

(1) W에 의한 직접 전단하중(P_1)(kN)

해 설
$$p_1 = \frac{W}{Z} = \frac{20}{4} = 5$$

[답] P_1=5kN

(2) 모멘트에 의한 전단하중(F)(kN)

해 설
$$F = \frac{W \times 250}{4 \times 68} = \frac{250 \times 20}{4 \times 68} = 18.38$$

[답] F=18.38

(3) 리벳에 작용하는 최대(합) 전단하중 (R)(kN)

해 설
$$R = 5 + 18.38 = 23.38$$

[답] $R = 23.38$

(4) 리벳에 생기는 최대 전단응력 (τ)(MPa)

해 설
$$\tau = \frac{4R}{\pi d^2} = \frac{4 \times 23.38 \times 10^3}{\pi \times (21 \times 10^{-3})^2} \times 10^{-6} = 67.50$$

[답] $\tau = 67.5$MPa

05

지름(D) 500mm, 압력(P) 1200kPa의 보일러에서 강판의 두께(t)는 몇 mm인가?
(단, 강판의 최대 인장강도 $\sigma = 350$MPa, 효율 $\eta = 0.58$, 안전율 $S = 4.75$이다.)

해 설
$$t = \frac{PDS}{2\sigma\eta} = \frac{1200 \times 10^3 \times 500 \times 10^{-3} \times 4.75}{2 \times 350 \times 10^6 \times 0.58} \times 10^3 = 7.02$$

[답] $t = 7.02$mm

06

그림과 같은 리벳이음에서 편심하중(P) = 12kN을 받을 때 다음을 구하시오.
(단, 리벳의 허용 전단응력 $\tau_a = 50$MPa, 피치 p는 30mm, 길이(l) = 150mm이다.)

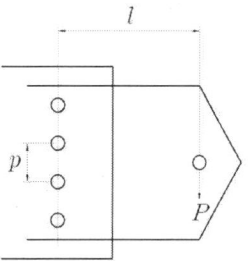

(1) 하중 p에 의하여 리벳에 작용하는 직접전단하중 : Q[kN]

$$Q = \frac{P}{Z} = \frac{12}{4} = 3$$

[답] $Q = 3$kN

(2) 모멘트에 의하여 리벳에 작용하는 전단하중 : F[kN]

$$F = \frac{P \cdot l}{2 \times (1.5p)^2 + 2 \times (0.5p)^2} \times (1.5p)$$

$$= \frac{12 \times 150 \times 10^{-3}}{2 \times (1.5 \times 30 \times 10^{-3})^2 + 2 \times (0.5 \times 30 \times 10^{-3})^2} \times (1.5 \times 30 \times 10^{-3}) = 18$$

[답] $F = 18$kN

(3) 리벳에 작용하는 최대(합) 전단하중 : $R_{\max}$[kN]

$$R_{\max} = \sqrt{Q^2 + F^2} = \sqrt{3^2 + 18^2} = 18.25$$

[답] $R_{\max} = 18.25$kN

(4) 리벳의 지름 : d[mm]

$$d = \sqrt{\frac{4R_{\max}}{\pi \tau_a}} = \sqrt{\frac{4 \times 18.25 \times 10^3}{\pi \times 50 \times 10^6}} \times 10^3 = 21.56$$

[답] $d = 21.56$mm

07

그림은 직경 19mm 리벳이음으로 하중(F) 10kN을 받으며 결합되어 있을 때 다음을 구하시오.

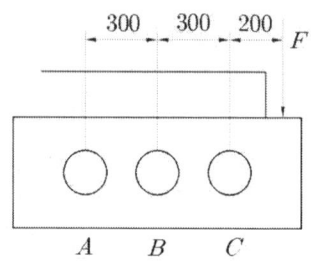

(1) A지점에서의 전단응력 (τ_a)[kPa]

해설

$$P_1 = \frac{F}{3} = \frac{10}{3} = 3.33 kN, \quad P_2 = \frac{F_1(300+200)}{Nr}$$

$$= \frac{10 \times 500}{2 \times 300} = 8.33 kN$$

$$\tau_a = \frac{4(P_2 - P_1)}{\pi d^2} = \frac{4 \times (8.33 - 3.33)}{\pi \times (19 \times 10^{-3})^2} = 17634.9$$

[답] $\tau_a = 17634.9$kPa

(2) B지점에서의 전단응력(τ_b)[kPa]

해설

$$\tau_b = \frac{4 \cdot P_1}{\pi d^2} = \frac{4 \times 3.33}{\pi \times (19 \times 10^{-3})^2} = 11744.84$$

[답] $\tau_b = 11744.84$kPa

(3) C지점에서의 전단응력(τ_c)[kPa]을 구하라

해설

$$\tau_c = \frac{4(P_1 + P_2)}{\pi d^2} = \frac{4(8.33 + 3.33)}{\pi \times (19 \times 10^{-3})^2} = 41124.58$$

[답] $\tau_c = 41124.58$kPa

08

강판의 두께 20mm, 리벳의 지름 22[mm]의 1줄 겹치기 이음에서 1피치(p)는 50mm이며 피치당 하중(W)이 20kN일 때, 다음을 구하라.

(1) 1피치 내의 강판에 발생하는 인장응력 σ_t(kPa)

해설
$$\sigma_t = \frac{W}{(P-d)t} = \frac{20}{(50-22) \times 10^{-3} \times 20 \times 10^{-3}} = 35714.29$$

[답] 35714.29kPa

(2) 리벳에 발생되는 전단응력 τ(kPa)

해설
$$\tau = \frac{4W}{\pi d^2} = \frac{4 \times 20}{\pi \times (22 \times 10^{-3})^2} = 52613.2 \text{kPa}$$

[답] 52613.2kPa

(3) 리벳이음에서 강판 효율 η(%)(단, 강판의 허용 인장응력 σ_c=40MPa)

해설
$$\eta = \frac{P-d}{P} = \frac{50-22}{50} \times 100 = 56\%$$

[답] η=56%

09

원통형의 압력용기 리벳이음에서 모재두께 t=14[mm], 내경 D=1.5[m], 양쪽 덮개판 2열 맞대기이음, 리벳지름 d=19[mm], 강판의 효율 η_1과 리벳 효율 η_2를 같게 되도록 피치(p)를 정할 때 다음 사항을 구하시오.
(단, 재료의 허용 전단응력 τ_a=70MPa, 허용인장능력 σ=120MPa)이다. 또한, 부식 등을 고려하여 두께는 1[mm]의 여유(c)를 고려하고 안전계수(s)는 1,
$\eta_2 = \dfrac{2 \times 1.8 \times \pi d^2 \times \tau_a}{4pt\sigma_t}$ (실용식)을 사용하여 기타 판 가장자리 전단 및 압괴와 수정계수(κ, γ등)는 고려하지 않는다.)

(1) 리벳이음 효율(η)%

해설
$$p = d + \frac{2 \times 1.8 \times \pi d^2 \times \tau_a}{4pt\sigma_a} = 19 + \frac{2 \times 1.8 \times \pi \times 0.019^2 \times 70}{4 \times 0.014 \times 120} \times 10^3 = 61.53mm$$

$$\eta = \frac{2 \times 1.8 \times \pi d^2 \times \tau_a}{4pt\sigma_t} = \frac{2 \times 1.8 \times \pi \times 19^2 \times 70}{4 \times 61.53 \times 14 \times 120} \times 100 = 69.12\%$$

[답] 69.12%

(2) 1[mm] 의 부식 여유(c) 보일러 용기 내의 압력 P[kPa]

$$t = \frac{PDS}{2\sigma\eta} + c$$

$$P = \frac{2(t-c)\sigma\eta}{DS} = \frac{2 \times (14-1) \times 10^{-3} \times 120 \times 10^3 \times 0.6912}{1.5 \times 1}$$

$$= 1437.69 kPa$$

[답] 1437.69kPa

10

다음 그림과 같이 두께(t)가 15mm이고 높이(h)가 200mm이며, 길이(l) 500mm인 직사각형 강이 250mm의 (U)형강에 개수(z)가 4개인 볼트로서 외팔보 형태로 고정되어 있다. 여기에 하중(F) 16kN이 작용할 때 다음 각 물음에 답하시오.

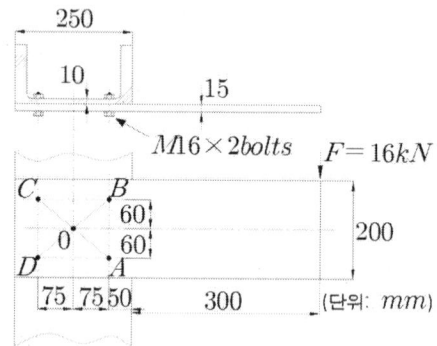

(1) 각 볼트에 발생하는 전단력 : (F)[kN]

$$F = \frac{16}{4} = 4kN$$

[답] 4kN

(2) 볼트의 최대 전단력 : $(F_A,\ F_B,\ F_C,\ F_D)$[kN]

$$F_1 = \frac{16}{4} = 4\text{kN}$$

$$r = \sqrt{75^2 + 60^2} = 96.05\text{mm}$$

$$F_2 = \frac{16 \times (300 + 50 + 75)}{4 \times 96.05} = 17.7\text{kN}$$

$$F_A = F_B = \sqrt{F_1^2 + F_2^2 + 2F_1 F_2 \cos\theta_A}$$

$$= \sqrt{4^2 + 17.7^2 + 2 \times 4 \times 17.7 \times \frac{75}{96.05}} = 20.97\text{kN}$$

$$\theta_A = \cos^{-1}\frac{75}{96.05} = 38.66°$$

$$\theta_c = 90 + 51.34$$

$$F_c = F_D = \sqrt{F_1^2 + F_2^2 + 2F_1 F_2 \cos\theta_c}$$

$$= \sqrt{4^2 + 17.7^2 + 2 \times 4 \times 17.7 \times \cos(51.34° + 90°)} = 14.79 kN$$

[답] $F_A = F_B = 20.97\text{kN},\ F_C = F_D = 14.79\text{kN}$

(3) 볼트의 최대 전단응력 : $(\tau_{\max})$[MPa]

$$\tau_{\max} = \frac{4F_A}{\pi d^2} = \frac{4 \times 20.97}{\pi \times 0.016^2} = 104296.22\text{kN}/m^2 \fallingdotseq 104.3\text{MPa}$$

[답] 104.3MPa

(4) 최대 지압응력(Bearing Stress) : (σ)[MPa]

$$\sigma = \frac{F_A}{d \times 0.01} = \frac{20.97}{0.016 \times 0.01} = 131.06\text{MPa}$$

[답] 131.06MPa

(5) 이 외팔보에 작용하는 최대 굽힘응력 : (σ_c)[MPa]

$$Z = \frac{I}{y} = \frac{\frac{15 \times 200^3}{12} - \left[\left(\frac{15 \times 16^3}{12} + 15 \times 16 \times 60^2\right) \times 2\right]}{100}$$

$$= 82617.6 \times 10^{-9} m^3$$

$$M = F(300 + 50) = 5.6\text{kN}$$

$$\sigma = \frac{M}{Z} = \frac{5.6 \times 10^{-3}}{82617.6 \times 10^{-9}} = 67.78\text{MPa}$$

[답] 67.78MPa

O ENGINEER CONSTRUCTION EQUIPMENT

제 8 장

용접이음

8-1 용접이음의 강도

[제 8-1 장] 용접이음의 강도

(1) 맞대기 용접

① 판의 인장

$$\sigma = \frac{W}{A} = \frac{W}{tl}$$

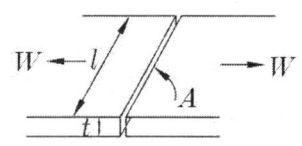

② 판의 굽힘

㉠ $\sigma = \dfrac{M}{Z} = \dfrac{M}{\dfrac{tl^2}{6}}$

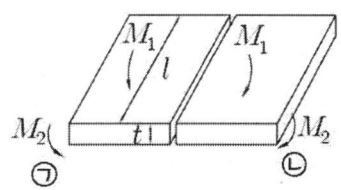

㉡ $\sigma = \dfrac{M}{Z} = \dfrac{M}{\dfrac{lt^2}{6}}$

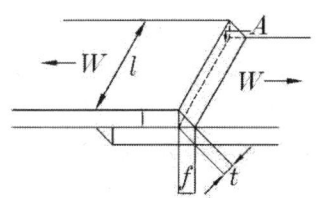

(2) 필릿 용접

$$t = f\cos 45° = \frac{f}{\sqrt{2}}$$

① 한면 필릿 용접

$$\tau = \frac{W}{A} = \frac{W}{tl} = \frac{W}{f\cos 45° \, l} = \frac{\sqrt{2}\,W}{fl}$$

② 양면 필릿 용접

$$\sigma = \frac{W}{2tl} = \frac{W}{2f\cos 45° \, l} = \frac{0.707\,W}{fl}$$

③ 전단하중

$$\tau = \frac{W}{2tl} = \frac{\sqrt{2}\,W}{2fl} = \frac{0.707\,W}{fl}$$

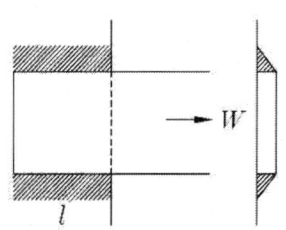

④ T형 이음

㉠ 인장을 받을 경우(σ)

$$\sigma = \frac{P}{A} = \frac{P}{2tl}$$

㉡ 굽힘을 받을 경우(σ_1)

$$\sigma_1 = \frac{M_1}{Z} = \frac{M_1}{2 \times \frac{tl^2}{6}} = \frac{3M_1}{tl^2} = \frac{3M_1}{tl^2}$$

Reference

$A = 2tl$

$Z_1 = 2 \times \frac{tl^2}{6}$

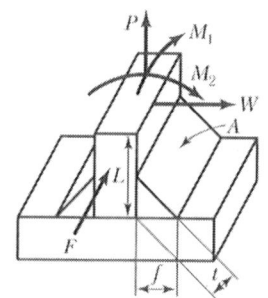

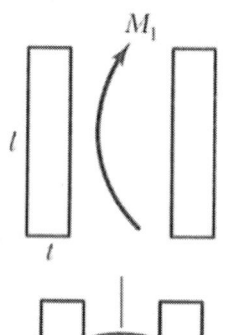

㉢ 굽힘을 받을 경우(σ_2)

$$\sigma_2 = \frac{M_2}{Z} = \frac{WL}{\frac{l\{(f+2t)^3 - f^3\}}{12\left(t+\frac{f}{2}\right)}} = \frac{12\left(t+\frac{f}{2}\right)WL}{l\{(f+2t^3) - f^3\}}$$

Reference

$$Z_2 = \frac{I}{y} = \frac{\frac{l(f+2t)^3}{12} - \frac{lf^3}{12}}{\frac{f}{2}+t}$$

⑤ 편심하중을 받는 필릿 용접

$$t = f\cos 45° = \frac{f}{\sqrt{2}} = \frac{\sqrt{2}f}{2}$$

- 중심

- $\tau_1 = \dfrac{W}{tl} = \dfrac{W}{t(l_1+b)\times 2}$

- $\tau_2 = \dfrac{Tr}{tI_0} = (T = WL)$

여기서, r: 반경

- $\tau = \sqrt{\tau_1^2 + \tau_2^2 + 2\tau_1\tau_2\cos\theta}$

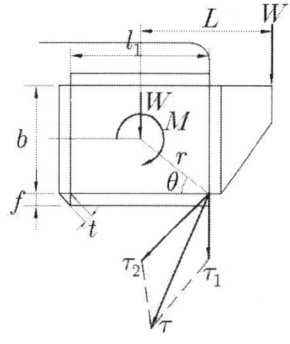

㉠ 4측 필릿

$$I_0 = \frac{(l_1+b)^3}{6}$$

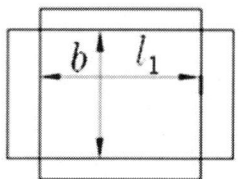

㉡ 상하 2측 필릿

$$I_0 = \frac{l_1(3b^2 + l_1^2)}{6}$$

ℓ_1 : 한쪽용접길이

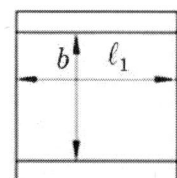

㉢ 좌우 2측 필릿

$$I_0 = \frac{b(3l_1^2 + b^2)}{6}$$

b : 한쪽용접길이

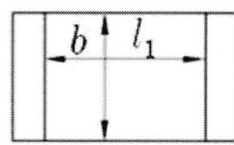

⑥ 축이 편심되어 있는 인장부재의 필릿 용접

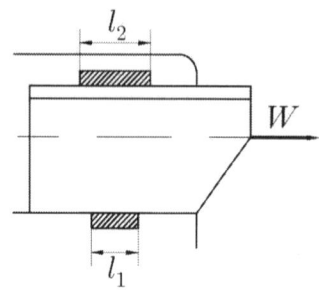 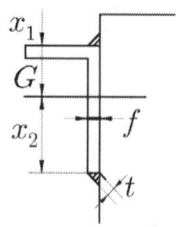

$$\tau = \frac{W}{A} = \frac{W}{tl} \ (l = l_1 + l_2, \ x = x_1 + x_2)$$

$$l_1 = \frac{l}{x}x_1, \ l_2 = \frac{l}{x}x_2$$

$$l : x = l_1 : x_1, \ l_2 : x_2 = l : x$$

⑦ L형강의 편심하중 작용 시 전단응력(용접길이 l_3)

$$F_1 = \frac{W}{2}$$

$$F_2 = \frac{Wl}{l_1}(\sum M = 0)$$

$$F = \sqrt{F_1^2 + F_2^2}$$

$$\tau = \frac{F}{tl_3} = \frac{F}{f\cos 45° \ l_3} = \frac{\sqrt{2}\,W}{fl_3}$$

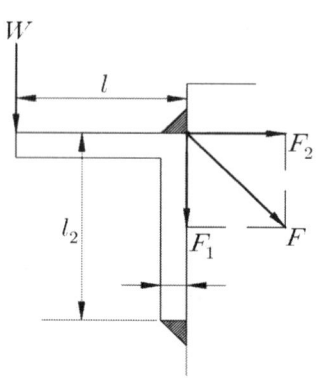

예상문제

01
다음 그림에서 하중 (P)(kN)을 구하시오. (단, 허용 전단응력(τ)은 50(MPa)이다.)

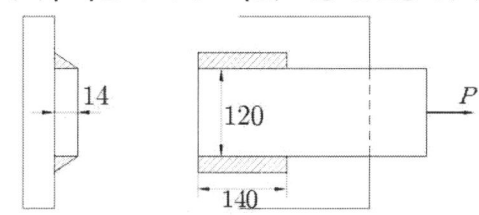

해 설
$$P = \frac{2\tau \times 0.014 \times 0.14}{\sqrt{2}} = \frac{2 \times 50 \times 10^3 \times 0.014 \times 0.14}{\sqrt{2}} = 138.59$$

[답] 138.59kN

02
그림과 같은 브래킷을 필릿이음으로 벽면에 용접하였다.
50kN의 편심하중이 작용할 때 다음을 구하시오.

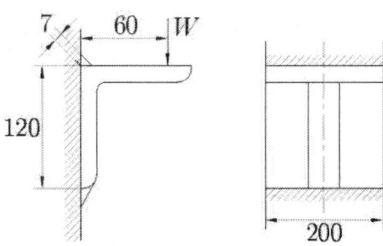

(1) 용접부 A에 작용하는 수직인장하중(W_v)(kN)

해 설
$$W_v = \frac{W}{2} = \frac{50}{2} = 25\text{kN}$$

[답] 25kN

(2) 용접부 A에 작용하는 수평인장하중(W_H)(kN)

해 설
$$W_H = \frac{60W}{120} = \frac{60 \times 50}{120} = 25$$

[답] 25kN

(3) 용접부 A에 작용하는 합인장하중(W_R)(kN)

해 설
$$W_R = \sqrt{W_v^2 + W_H^2} = \sqrt{25^2 + 25^2} = 35.36\text{kN}$$

[답] 35.36kN

(4) 용접부 A에 생기는 인장응력(σ_t)(kPa)

해설

$$\sigma_t = \frac{W_R}{0.007 \times 0.2} = \frac{35.36}{0.007 \times 0.2} = 25257.14 kPa$$

[답] 25257.14kPa

03

그림과 같이 상하 두 곳의 필릿 용접으로 하중(W)이 $50(kN)$ 작용할 때 다음 사항을 구하시오. (단, 용접부의 다리 길이(h)는 8mm이다.)

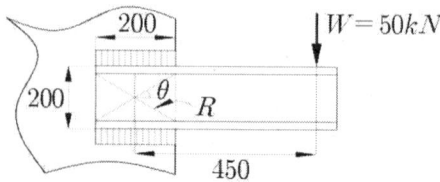

(1) 하중에 의한 직접 전단응력(τ_1)은 몇 (kPa)인가?

해설

$$\tau_1 = \frac{\sqrt{2}\,W}{2hl} = \frac{\sqrt{2} \times 50}{2 \times 8 \times 10^{-3} \times 200 \times 10^{-3}} = 22097.09$$

[답] 22097.09kPa

(2) 비틀림 모멘트에 의한 최대 전단응력(τ_2)은 몇 (kPa)인가?

해설

$$I_o = \frac{l(3b^2 + l^2)}{6} = \frac{200(3 \times 200^2 + 200^2)}{6} = 5333333.33$$

$$\tau_2 = \frac{\sqrt{2}\,W \cdot l \cdot R}{h \cdot I_o} = \frac{\sqrt{2} \times 50 \times 450 \times \sqrt{100^2 + 100^2}}{8 \times 5333333.33} \times 10^6 = 105468.75$$

[답] $\tau_2 = 105468.75 kPa$

(3) 합성응력(τ_3)은 몇 (kPa)인가?

해설

$$\tau_3 = \sqrt{\tau_1^2 + \tau_2^2 + 2\tau_1 \cdot \tau_2 \times \frac{100}{R}}$$

$$= \sqrt{22{,}097.09^2 + 105468.75^2 + 2 \times 22097.09 \times 105468.75 \times \frac{100}{100\sqrt{2}}}$$

$$= 122097.66$$

[답] $\tau_3 = 122097.66 kPa$

04

다음과 같은 그림에서 $75 \times 75 \times 9$의 형강에 하중(P) $400kN$이 작용할 때, 용접하려고 하는 이음치수 l_1, l_2 를 구하라.
(단, 허용전단응력(τ)은 $80MPa$이며 필릿의 다리길이(f)는 9mm로 한다.)

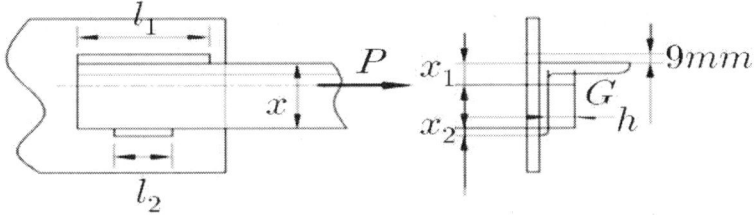

해설

$$l = \frac{\sqrt{2}\,P}{f\tau} = \frac{\sqrt{2} \times 400 \times 10^3}{0.009 \times 80 \times 10^6} \times 10^3 = 785.67mm$$

$$x_2 = \frac{75 \times 75 \times \frac{75}{2} - 66 \times 66 \times \frac{66}{2}}{75 \times 75 - 66 \times 66} = 52.95mm$$

$$\ell_1 = l\frac{x_2}{x} = 785.67 \times \frac{52.95}{75} = 554.68mm$$

$$\ell_2 = l - \ell_1 = 785.67 - 554.68 = 230.99mm$$

[답] $l_1 = 554.68mm$, $l_2 = 230.99mm$

05

브래킷(Bracket)을 프레임(Frame)에 그림과 같이 양쪽 필릿 용접을 했을 때 수평하중 $P[kN]$의 최대값을 구하시오.
(단, 용접치수 $t = 8mm$, 유효길이 $l = 80mm$ $c = 25mm$, 허용 응력 $\sigma_a = 150MPa$으로 한다.)

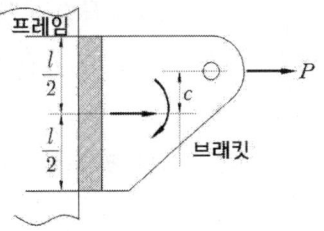

해설

$$\sigma = \frac{\sqrt{2}\,P}{2tl}, \ \sigma_2 = \frac{6\sqrt{2}\,PC}{tl^2 \times 2} = \frac{3\sqrt{2}\,PC}{tl^2}$$

$$\sigma_1 + \sigma_2 = \sigma_a = \frac{\sqrt{2}\,P}{2tl} + \frac{3\sqrt{2}\,PC}{tl^2}$$

$$P = \frac{\sigma_a}{\frac{\sqrt{2}}{2tl} + \frac{3\sqrt{2}\,c}{tl^2}} = \frac{150 \times 10^6}{\frac{\sqrt{2}}{2 \times 0.008 \times 0.08} + \frac{3\sqrt{2} \times 0.025}{0.008 \times 0.08^2}} \times 10^{-3} = 47.22$$

[답] $P = 47.22kN$

06

그림과 같은 겹치기 이음을 필릿(Fillet) 용접으로 하려고 한다. 작용하중(P) 50kN, 허용인장응력(σ) 70MPa이라고 할 때, 유효길이(L)는 몇 [mm]가 되는가? (단, 강판의 두께는 h=15[mm]이다.)

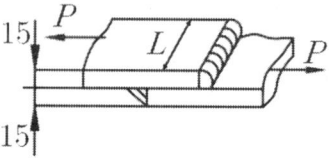

해설

$$L = \frac{\sqrt{2} \cdot P}{2 \cdot h \cdot \sigma} = \frac{\sqrt{2} \times 50 \times 10^3}{2 \times 15 \times 10^{-3} \times 70 \times 10^6} \times 10^3 = 33.67$$

[답] L = 33.67mm

07

다음 그림과 같이 상하 두 면이 필릿 용접으로 결합되어 70kN의 하중(P)을 받고 있다.

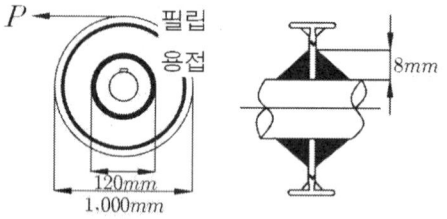

(1) 비틀림 모멘트를 구하시오.(kJ)

해설

$$T = P \cdot \frac{D}{2} = 70 \times \frac{1}{2} = 35$$

[답] $T = 35kJ$

(2) 축 부분 용접 부위의 전달력(F)[kN]

해설

$$F = \frac{T}{\frac{d}{2} + \frac{h}{4}} = \frac{35}{\left(\frac{120}{2} + \frac{8}{4}\right) \times 10^3} = 564.52$$

[답] $F = 564.52 kN$

(3) 축 부분 용접 부위의 전단응력(kPa)을 구하시오.

해설

$$\tau = \frac{\sqrt{2}F}{2\pi\left(\frac{d}{2} + \frac{h}{4}\right)h \times 2} = \frac{\sqrt{2} \times 564.72}{4\pi\left(\frac{120}{2} + \frac{8}{4}\right) \times 10^{-3} \times 8 \times 10^{-3}} = 128130$$

[답] $\tau = 128130 kPa$

O ENGINEER CONSTRUCTION EQUIPMENT

제 9 장

나 사

9-1 나사의 역학
9-2 볼트

[제 9-1 장]   나사의 역학

■ 기준

사각, 1줄, 오른나사

(1) 나사를 죌 때

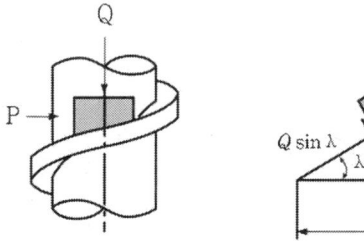

여기서, P : 회전력, Q : 수직력, λ : 리드각, ρ : 마찰각

[나사면의 힘]

$\sum F_x = P\cos\lambda - Q\sin\lambda$

$\sum F_x = P\sin\lambda + Q\cos\lambda$

$\sum F_x = \mu \sum F_y$ 에서,

$P(\cos\lambda - \mu\sin\lambda) - Q(\sin\lambda + \cos\lambda)$

$P = Q\dfrac{\tan\lambda + \tan\rho}{1 - \tan\lambda\tan\rho} = Q\tan(\lambda + \rho) = Q\dfrac{\mu\pi d_2 + p}{\pi d_2 - \mu p}$

$\tan\rho(\text{마찰각}) = \mu$

$T = PR = Q\tan(\lambda + \rho) \times \dfrac{d_2}{2}$
$= Q\dfrac{\mu\pi d_2 + p}{\pi d_2 - \mu p} \times \dfrac{d_2}{2}$

여기서, d_2 : 유효지름

(2) 나사가 외부 힘을 받아 이완 시

$P' = Q\tan(\rho - \lambda)$

(P'는 ($-$) 값이 나오면 안 된다.)

① $\rho > \lambda$ 안전 : $P' = +$

② $\rho = \lambda$ 자립 : $P' = 0$

③ $\rho < \lambda$ 불안전 : $P' = -$

④ $\rho \geq \lambda$ 자결상태

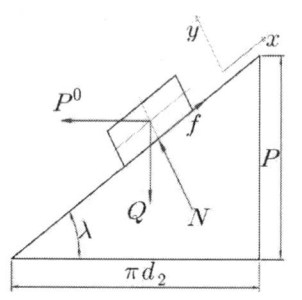
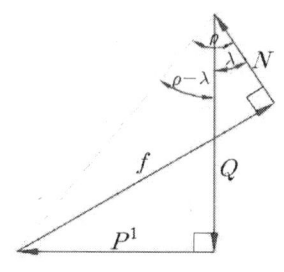

(3) 나사의 효율

자립상태를 유지하는 나사의 효율은 반드시 50% 이하이다.

$$\eta = \frac{\text{마찰이 없는 경우 회전력}(P_0)}{\text{마찰이 있는 경우 회전력}(P)}$$

$$= \frac{Qp}{2\pi T} = \frac{\tan\lambda}{\tan(\lambda + \rho)} \leq 50\%$$

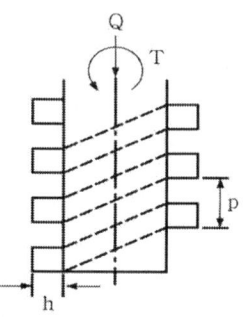

(4) 너트의 효율

$$H = np = \frac{4Qp}{\pi(d^2 - d_1^2)q} = \frac{Qp}{\pi d_2 hq}$$

여기서, d : 호칭(바깥지름), d_1 : 골(안)지름

h : 산 높이, q : 허용면압(Pa)

[제 9-2 장] 볼트

(1) 축 하중만을 받는 경우(Eye Bolt, Hook)

$\sigma = \dfrac{Q}{\dfrac{\pi d_1^2}{4}} = \dfrac{4Q}{\pi d_1^2}$ 여기서, d_1 : (안지름, 골지름, 내경) $= \sqrt{\dfrac{4Q}{\pi\sigma}}$

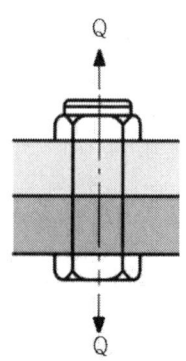

d(바깥지름(호칭) 지름, 외경) $=\sqrt{\dfrac{2Q}{\sigma}}$

$\quad d_1 = 0.8d$

(2) 축하중과 비틀림을 동시에 받을 경우

$$d=\sqrt{\dfrac{8Q}{3\sigma}}$$

■ 삼각나사의 경우

$\quad \alpha = \dfrac{\theta}{2} = 30°$

$\quad \mu' = \dfrac{\mu}{\cos \alpha} = \tan \rho'$

$\quad P = Q\tan(\lambda + \rho') = Q\dfrac{\mu'\pi d_2 + p}{\pi d_2 - \mu' p}$

$\quad P' = Q\tan(\rho' - \lambda)$

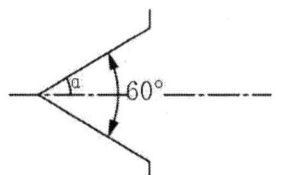

- M(미터나사) $2\alpha = 60°$, $\alpha = 30°$

- UNF(유니파이나사) $2\alpha = 60°$, $\alpha = 30°$

■ 사다리꼴 나사의 경우

$\quad \alpha = \dfrac{\theta}{2}$ (여기서, θ : 산각)

$\quad \mu' = \dfrac{\mu}{\cos \alpha} = \dfrac{\mu}{\cos 15°}$

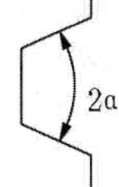

- TM(미터계) $2\alpha = 30°$, $\alpha = 15°$

- TW(인치계) $2\alpha = 29°$, $\alpha = 14.5°$

■ 관용나사 : $2\alpha = 55°$, $\alpha = 27.5°$

Spaner(Jack) : 산의 빈틀림과 마찰면의 비틀림이 함께 작용함

$$T = T_1 + T_2 = P_1 R_1 + P_2 R_2$$

$$= Q tan(\lambda + \rho)\frac{d_2}{2} + \mu_1 Q \frac{d_b}{2}$$

$$= Q \frac{p + \mu \pi d_2}{\pi d_2 - \mu p} \frac{d_2}{2} + \mu_1 Q \frac{d_b}{2}$$

$$= Q \left\{ \frac{p + \mu \pi d_2}{\pi d_2 - \mu p} \frac{d_2}{2} + \mu \frac{d_b}{2} \right\}$$

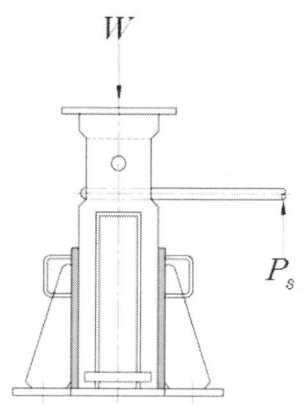

여기서, d_b : 마찰면의 평균지름
μ_1 : 마찰면의 마찰계수

Reference

[나사의 이완방지]

1. 로크너트(Locknut)의 사용 :
2개의 너트를 사용하여 서로 졸라매어 너트 사이를 서로 미는 상태로 하여 외부로부터의 진도이 작용해도 항상 하중이 작용하고 있는 상태를 유지하도록 너트를 2개 끼우는 것

2. 분할핀(Set Pin)의 사용 :
볼트, 너트에 구멍 뚫고 분할핀을 집어넣어 너트를 고정시키는 방법

3. 세트나사(Set Screw)에 의한 경우 :
너트 옆면에 나사 구멍을 설치하여 세트나사를 집어 박아 볼트의 나사부를 고정

4. 특수한 와셔에 의한 경우 :
스프링 와셔, 혀달림 와셔, 폴 와셔 등을 끼워 너트의 자립 조건을 만족시키게 한다.

미터 보통 나사(KSB 0211)

나사의 호칭			피치 (p)	접촉높이 (H_s)	암나사		
					골지름(D)	유효지름(D_2)	안지름(D_1)
					수나사		
1	2	3			바깥지름(d)	유효지름(d_2)	골지름(d_1)
		M9	1.25	0.677	9.000	8.188	7.647
M10			1.5	0.812	10.000	9.026	8.376
		M11	1.5	0.812	11.000	10.026	9.376
M12			2.75	0.947	12.000	10.863	10.106
		M14	2	1.083	14.000	12.701	11.835
M16			2	1.083	16.000	14.701	13.835
	M18		2.5	1.353	18.000	16.376	15.294
M20			2.5	1.353	20.000	18.376	17.294
	M22		2.5	1.353	22.000	20.376	19.294
M24			3	1.624	24.000	22.051	20.752
	M27		3	1.624	27.000	22.051	23.752
M30			3.5	1.894	30.000	22.727	26.211
	M33		3.5	1.894	33.000	30.727	29.211
M36			4	2.165	36.000	33.402	31.670

예상문제

01
바깥지름(d) 30mm의 사각나사에 피치(p) 6mm, 마찰계수(μ) 0.1이라 하면 이 나사의 효율(η)은 몇 %인가?

해설

$$d_2 = d = \frac{p}{2} = 30 - \frac{6}{2} = 27mm$$

$$\tan\lambda = \frac{p}{\pi d_2} = \frac{6}{\pi \times 27} = 7.07 \times 10^{-2}$$

$$\tan\rho = \mu = 0.1$$

$$\eta = \frac{\tan\lambda}{\tan(\lambda+\rho)} = \frac{\tan(1-\tan\lambda tna\rho)}{\tan\lambda + \tan\rho}$$

$$= \frac{7.07 \times 10^{-2} \times (1 - 7.07 \times 10^{-2} \times 0.1)}{7.07 \times 10^{-2} + 0.1} \times 100 = 41.12$$

[답] $\eta = 41.12$

02
바깥지름(d) 30mm, 유효지름(d_2) 27.27mm, 피치(p) 3.5mm인 미터나사서 효율(η)(%)은? (단, 마찰계수 (μ)는 0.15이다.)

해설

$$\lambda = \tan^{-1}\frac{P}{\pi d_2} = \tan^{-1}\frac{3.5}{\pi \times 27.27} = 2.34°$$

$$\rho' = \tan^{-1}\frac{\mu}{\cos 30} = \tan^{-1}\frac{0.15}{\cos 30} = 9.83°$$

$$\eta = \frac{\tan\lambda}{\tan(\lambda+\rho')} = \frac{\tan 2,3,4}{\tan(2.34+9.83)} \times 100 = 18.95$$

[답] $\eta = 18.95$

03

연강제를 사용한 후크에 하중 50kN을 지지하려면 후크나사부의 지름(d)은 몇 mm인가? (단, σ_1=600MPa이다.)

해설
$$d = \sqrt{\frac{2W}{\sigma_1}} = \sqrt{\frac{2 \times 50 \times 10^3}{600 \times 10^6}} \times 10^3 = 12.91$$

[답] $d = 12.91$

04

350kN의 나사 프레스의 각 나사의 재료는 연강으로 볼트의 바깥지름(d) 100mm, 골지름(d_1) 80mm, 피치(p) 16mm라고 하면 이 청동너트의 나사산수(z)는 몇 개인가? (단, 면압(q)는 10MPa이다.)

해설
$$Z = \frac{450 \times 350}{\pi(d^2 - d_1^2)q} = \frac{4 \times 350}{\pi \times (0.1^2 - 0.08^2) \times 10 \times 10^3} = 12.38 = 13개$$

[답] 13개

05

나사의 유효지름 $d_e = 63.5$mm, $p = 3.17$mm의 나사잭으로 50kN의 중량(Q)을 들어올리려면 막대의 유효길이(l)를 몇 mm로 하면 좋은가?
(단, 막대에 작용하는 힘(W)은 300N, 마찰계수는 0.1이다.)

해설
$$T = Q\frac{\mu\pi d_e + p}{\pi d_e - \mu p}\frac{d_e}{2} = 50 \times \frac{0.1 \times \pi \times 63.5 + 3.17}{\pi \times 63.5 - 0.1 \times 3.17} \times \frac{63.5}{2} = 184.27 \text{J}$$

$$l = \frac{T}{W} = \frac{184.27}{300} \times 10^3 = 614.23 \text{mm}$$

[답] 614.23mm

06

바깥지름(d) 50mm로 25mm 전진하는 데 2.5회전을 요하는 사각나사의 나사산의 각도(λ)는?(몇 도, 몇 분인가?)

해설

$$P = \frac{25}{2.5} = 10 \quad d_2 = d - \frac{P}{2} = 50 - \frac{10}{2} = 45$$

$$\lambda = \tan^{-1}\left(\frac{P}{\pi d_2}\right) = 4.05 = 4도 \ 3분 (4°3')$$

[답] $\lambda = 4°3'$

07

피치 25mm의 사각나사가 2중 나사로 유효지름(d_2)은 60mm, 나사의 마찰계수(μ)는 0.12, 컬러부의 마찰계수(μ_1)는 0.1이라고 하면 골 지름에 비틀림 응력(τ)은 100MPa을 허용한다고 한다. 몇 kN의 하중(W)을 들어 올릴 수 있는가?

(단, 산높이 $h = \frac{p}{2}$, 스러스트 칼라 평균 지름(d) = 60mm이다.)

해설

$$d_1 = d_2 - \frac{p}{2} = 60 - \frac{25}{2} = 47.5$$

$$T = \tau \cdot \frac{\pi d_1^3}{16} = 100 \times 10^6 \times \frac{\pi \times (47.5 \times 10^{-3})^3}{16} = 2104.31 \text{J}$$

$$W = \frac{T}{\left(\frac{np + \mu \pi d_2}{\pi d_2 - \mu n P} \times \frac{d_2}{2} + \mu_1 \times \frac{d_b}{2}\right)}$$

$$= \frac{2104.31 \times 10^{-3}}{\left(\frac{2 \times 25 + 0.12 \times \pi \times 60}{\pi \times 60 - 0.12 \times 2 \times 25} \times \frac{60}{2} + 0.1 \times \frac{60}{2}\right) \times 10^{-3}} = 140.87$$

[답] $W = 140.87$kN

08

도면은 나사 잭의 계략도이다. 최대하중 W=50kN으로 최대양정 H = 200mm인 경우 다음 문제에서 요구하는 식과 답을 쓰시오.

[TM 사다리꼴 나사의 기본 치수(단위 mm)]

호칭	피치 (p)	바깥지름 (d)	유효지름 (d_2)	골지름 (d_1)
TM36	6	36	33.0	29.5
TM40	6	40	37.0	33.5
TM45	8	45	41.0	36.5
TM50	8	50	46.0	41.5
TM55	8	55	51.0	46.5

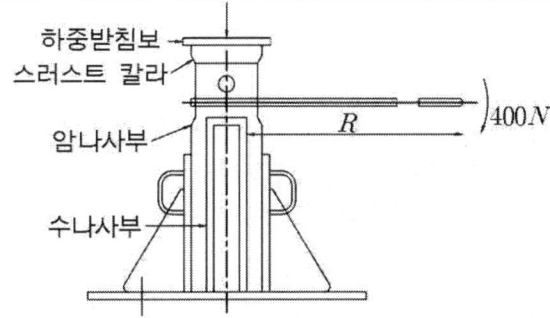

(1) 압축 강도에 의하여 수나사의 지름을 계산하여 나사의 호칭을 결정하여라. (단, 허용압축 응력(σ_c)=50MPa이다.)

해설

$$d_1 = \sqrt{\frac{4W}{\pi \sigma_c}} = \sqrt{\frac{4 \times 50}{\pi \times 50 \times 10^3}} \times 10^3 \, 35.68 = 36.5\text{mm}$$

[답] TM45

(2) 하중(W)을 올리는 데 필요한 비틀림 모멘트(T_1)를 구하여라.
(단 나사의 마찰계수(μ) = 0.1 , 받침대와 스러스트 칼라 사이의 구름 마찰계수(μ_1)=0.01이고, 스러스트 칼라 평균 지름(d_b) = 60mm)

해설

$$\mu' = \frac{\mu}{\cos 15} = \frac{0.1}{\cos 15} = 0.1$$

$$T_1 = W\left(\frac{\mu'\pi d_2 + P}{\pi d_2 - \mu' P} \times \frac{d_2}{2} + \mu_1 \frac{d_b}{2}\right)$$

$$= 50 \times 10^3 \times \left(\frac{0.1 \times \pi \times 41 + 8}{\pi \times 41 - 0.1 \times 8} \times \frac{0.041}{2} + 0.01 \times \frac{0.06}{2}\right) = 182.2J$$

[답] $T_1 = 182.2J$

(3) 문제 (1)에서 결정한 나사에 생기는 합성응력(최대 전단응력)(τ_m)을 구하여라.

해설

$$T_2 = W\frac{P+\mu'\pi d_2}{\pi d_2 - \mu' P} \cdot \frac{d_2}{2} = 50\times 10^3 \frac{8+0.1\times\pi\times 41}{\pi\times 41 - 0.1\times 8} \frac{0.041}{2} = 167.2 J$$

$$T_2 = \tau\frac{\pi d_1^3}{16} \text{에서} \quad \tau = \frac{16\,T_2}{\pi d_1^3} = \frac{16\times 167.2\times 10^{-3}}{\pi (36.5\times 10^{-3})^3} = 17511.68 kPa$$

$$\sigma = \frac{4\times W}{\pi d_1^2} = \frac{4\times 50}{\pi\times (6.5\times 10^{-3})^2} = 47{,}785.31 kPa$$

$$\tau_m = \frac{1}{2}\sqrt{\sigma^2 + 4\tau^2} = \frac{1}{2}\sqrt{47{,}785.31^2 + 4\times 17{,}511.68^2} = 29622.93 kPa$$

[답] $29622 kPa$

(4) 하중 받침대와 마찰을 고려하여 나사의 효율(η)을 구하여라.(%)

해설

$$\eta = \frac{Wp}{2\pi T_1} = \frac{50\times 8}{2\times\pi\times 182.2}\times 100 = 34.94\%$$

[답] $\eta = 34.94\%$

(5) 암나사부의 길이(H)를 결정하여라.
(단, 나사산의 허용접촉압력(q)=$15 Mpa$이다.)

해설

$$H = \frac{4Wp}{\pi(d^2 - d_1^2)q\cos 15} = \frac{4\times 50\times 8}{\pi\times(45^2 - 36.5^2)\times 15\times\cos 15}\times 10^3 = 50.74 mm$$

[답] $50.74 mm$

(6) 나사를 돌리는 핸들의 길이(R) 및 지름 (d_s)을 결정하여라.
(단, 핸들의 허용 굽힘 응력(σ_b)=$140 MPa$이다.)

해설

$$R = \frac{T_1}{400} = \frac{182.2}{400}\times 10^3 = 455.5 mm$$

$$d_s = \sqrt[3]{\frac{32\times 400 R}{\pi\sigma_b}} = \sqrt[3]{\frac{32\times 400\times 0.4555}{\pi\times 140\times 10^6}}\times 10^3 = 23.67 mm$$

[답] $R = 455.5 mm \quad d_s = 23.67 mm$

(7) 물체의 운동속도(V)가 $0.6 m/\min$일 때 소요동력(H)을 구하면 몇 kW인가?

해설

$$H = \frac{WV}{\eta} = \frac{50\times 0.6}{0.3494\times 60} = 1.43 \text{kW}$$

[답] 1.43kW

09

그림의 브래킷을 M20볼트 3개로 고정시킬 때 다음 사항을 구하시오.
(단, 하중(P)은 15kN이며 볼트 1개당 단면적은 A=215mm^2이다.)

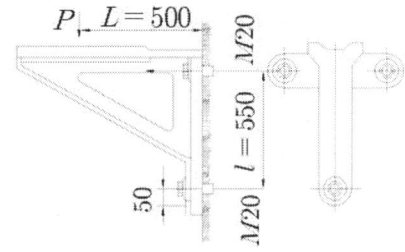

(1) 1개의 볼트에 생기는 인장응력 σ_{max}은 몇 MPa인가?

해설

$2F_1 : F_2 = (550+50) : 50$

$F_2 = \dfrac{2 \times 50 F_1}{550+50}$

$PL = 2F_1(550+50) + F_2 \times 50 = 2 \times F_1(550+50) + \dfrac{2 \times 50 F_1 \times 50}{550+50}$

$F_1 = \dfrac{15 \times 500}{2 \times (550+50) + \dfrac{2 \times 50 \times 50}{550+50}} = 6.21 kN$

$\sigma = \dfrac{6.21 \times 10^{-3}}{215 \times 10^{-6}} = 28.88 MPa$

[답] 28.88 MPa

(2) 1개의 볼트에 생기는 전단응력

해설

$\tau_{max} = \dfrac{P}{3A} = \dfrac{15 \times 10^3}{3 \times 215 \times 10^{-6}} \times 10^{-6} = 23.26$

[답] $\tau_{max} = 23.26 MPa$

(3) 주 응력설에 의한 σ_{max}은 몇 MPa?

해설

$\sigma_{max} = \dfrac{\sigma}{2} + \sqrt{\left(\dfrac{\sigma}{2}\right)^2 + \tau^2} = \dfrac{28.88}{2} + \sqrt{\left(\dfrac{28.88}{2}\right)^2 + 23.26^2} = 43.72$

[답] σ_{max}=43.72MPa

10

그림의 브래킷을 $M20$볼트 3개로 고정시킬 때 볼트에 발생하는 전단력을 무시하면 1개의 볼트에 생기는 인장응력 $\sigma_{\max}$ 은 몇 MPa인가 ?

(단, 하중(P)은 15kN이며 볼트 1개당 단면적은 $A = 215\text{mm}^2$이다.)

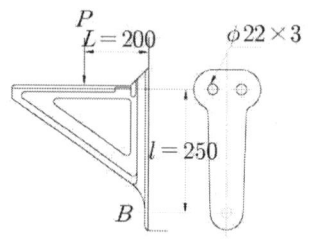

해 설

$$F_1 = \frac{PL}{2 \times 250} = \frac{15 \times 200}{2 \times 250} = 6kN$$

$$\sigma = \frac{6 \times 10^{-3}}{215 \times 10^{-6}} = 27.91 MPa$$

[답] 27.91MPa

11

유효지름(d) 및 피치(p)가 각각 66.5(mm), 20(mm)인 나사 잭에서 $W = 20kN$을 $V = 20mm/s$로 들어 올릴 경우 마력(H)(PS)은 얼마인가?

해 설

$$H = \frac{20 \times 10^3 \times 20}{9.8 \times 1000 \times 75} = 0.54 PS$$

[답] $0.54PS$

○ ENGINEER CONSTRUCTION EQUIPMENT

제 10 장

스프링

10-1 스프링
10-2 스프링의 휨과 하중
10-3 판 스프링의 설계

[제 10-1 장] 스프링

(1) 코일 스프링

① 스프링 강도

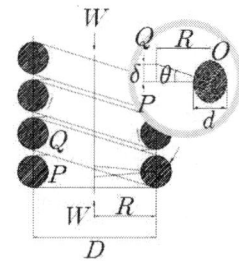

[압축 코일 스프링]

τ를 소선의 비틀림에 의한 전단응력이라 하면

$T = \tau Z_p = \dfrac{\pi}{16} d^3 \tau$ 이므로, $\tau = \dfrac{8WD}{\pi d^3}$

또, R을 코일의 편균 반지름, G를 가로 탄성계수라 하면

스프링의 처짐 δ는, $\delta = \dfrac{8nD^3 W}{Gd^4} = \dfrac{64nR^3 W}{Gd^4}$

② 스프링의 지수(指數)

$C = \dfrac{2R}{d} = \dfrac{D}{d}$

C를 스프링 지수라 부르며, $12 > C > 5$의 범위에 있다.

[제 10-2 장] 스프링의 휨과 하중

스프링에 하중을 걸면 다음 그림과 같이 하중에 비례하여 인장, 또는 압축, 휨 등이 일어난다.

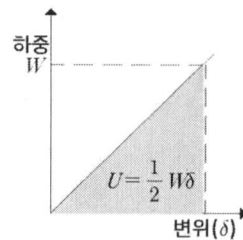

지금 하중을 W[N], 변화량을 δ[mm]라 하면,
$$W = k\delta$$

비례정수 k를 스프링상수 (Spring Constant)라 하고 스프링 강도를 나타낸다.
하중에 의하여 이루어지는 일 $U[kg \cdot m]$는 $W=k\delta$의 직선과 가로축 사이의 면적으로 표시된다.

$$U = \frac{1}{2}W\delta = \frac{1}{2}k\delta^2$$

두 개 이상의 스프링을 조합할 때 전체적인 스프링 상수는 다음과 같다. 스프링 상수 k_1, k_2의 두 개를 접속 시켰을 때 스프링상수 k는

(1) 직렬의 경우 (그림(c)의 경우)

$$\frac{1}{k} = \frac{1}{k_1} + \frac{1}{k_2}$$

(2) 병렬의 경우 (그림(a), (b)의 경우)

$$k = k_1 + k_2$$

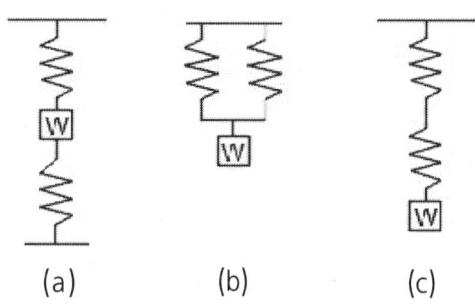

(a)　　　　(b)　　　　(c)

(3) 왈의 수정계수

실제 전단응력 은 스프링의 곡률 반지름과 기타의 영향을 받아 이론식과 일치하지 않으므로 왈의 수정계수(修訂係數) K를 곱하여 수정한다.

$$\tau = K\frac{16RW}{\pi d^3} = K\frac{8WD}{\pi d^3} = K\frac{8CW}{\pi d^2} = K\frac{8C^3}{\pi D^2}$$

수정계수는 스프링지수만의 함수이므로

$$K = \frac{16RW}{\pi d^3} = \frac{4C-1}{4C-4} + \frac{0.615}{C}$$

(4) 스프링 상수

$$k = \frac{W}{\delta} = \frac{Gd^4}{8D^3n} = \frac{Gd}{8nC^3} = \frac{GD}{8nC^4} = \frac{Gd^4}{64nR}$$

(5) 에너지의 계산

$$U = \frac{W\delta}{2} = \frac{32nR^3W^2}{Gd^4} = \frac{V\tau^2}{4K^2C}$$

여기서, V는 스프링 재료의 부피를 말하며, $V = \frac{\pi d^2}{4} \cdot 2\pi rn$ 이 된다.

[제 10-3 장] 판 스프링의 설계

(1) 삼각판 스프링

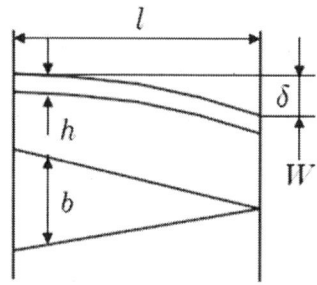

굽힘응력 σ과 처짐 δ는,

$$\sigma = \frac{6Wl}{nbh^2}, \delta = \frac{3}{8}\frac{Wl^3}{Enbh^3}$$

(2) 겹판 스프링

굽힘응력 σ과 처짐 δ는,

$$\sigma\frac{3Wl}{2nbh^2}, \delta = \frac{3}{8}\frac{Wl^3}{Enbh^3}$$

여기서, E : 판의 영계수

🌀 Reference

죔쇠붙이(e)가 주어졌을 때는 σ, δ의 값 대신 l'가 들어가야 한다. ($l' = l - 0.6e$)

예상문제

01

코일의 지름(D) 60mm, 유효 감김수(n) 10, 소재의 지름(d) 6mm, 횡탄성계수(G)는 200GPa이고, 이 스프링에 (W) 500N의 하중이 가하여지면 처짐(δ)은 몇mm인가?

해설

$$\delta = \frac{8nWD^3}{Gd^4} = \frac{8 \times 10 \times 0.06^3}{200 \times 10^9 \times 0.006^4} \times 10^3 = 33.33mm$$

[답] $\delta = 33.33mm$

02

재료가 강인 원통 코일 스프링이 압축 하중을 받고 있다. 이 스프링에 하중(W) $230N$이 가하여지면 처짐(δ)이 12mm, 소선의 지름(d) 6mm 스프링지름 (D) 50mm이며, 전단 탄성계수(G) 80GPa이다. 다음을 구하시오.

(1) 유효감김수(n)을 정수로 구하시오.

해설

$$n = \frac{\delta Gd^4}{8WD^3} = \frac{0.012 \times 80 \times 10^9 \times 0.006^4}{8 \times 230 \times 0.05^3} = 5.41 = 6$$

[답] $n = 6$

(2) 전단응력(τ) MPa를 구하여라.

해설

$$C = \frac{D}{d} = \frac{50}{6} = 8.33$$

$$K = \frac{4C-1}{4C-4} + \frac{0.615}{C} = \frac{4 \times 8.33 - 1}{4 \times 8.33 - 4} + \frac{0.615}{8.33} = 1.18$$

$$\tau = K\frac{8WD}{\pi d^3} = 1.18 \times \frac{8 \times 230 \times 0.05}{\pi \times 0.006^3} \times 10^{-6} = 159.98MPa$$

[답] $\tau = 159.98MPa$

03

자동차의 4개 현가 장치 중 1개가 그림과 같을 때 4개 현가에, 동일 스프링 장치를 사용하며 지면과의 최소간격(δ)을 50cm로 제한할 때 자동차의 최대하중(F) kN을 산출하시오.
(단, 스프링 상수(k) 200N/mm이다.)

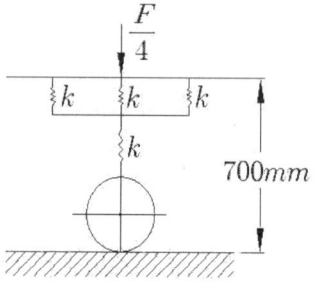

해설

$$F = \frac{4 \times 200}{\frac{1}{3k} + \frac{1}{k}} = \frac{4 \times 200}{\frac{1}{3 \times 200} + \frac{1}{200}} \times 10^{-3} = 120\text{kN}$$

[답] $F = 120\text{kN}$

04

지름 D_1=18cm 의 안전밸브가 있다. 증기압이 p=1.5MPa이며 열릴 수 있는 나선형 코일 스프링을 만들려고 할 때 코일의 평균 지름 D=8cm로써 변위량을 δ=3cm만큼 압축이 되도록 하고자 할 때 다음 사항을 구하시오.
(단, 스프링의 전단응력(τ)은 150MPa이며, 전단 탄성계수(G) 80GPa, 응력 수정계수(K)는 1이다.)

(1) 소선의 직경(d) mm를 구하여라.

해설

$$W = \frac{\pi D_1^2}{4} \times P = \frac{\pi (18 \times 10^{-2})^2}{4} \times 1.5 \times 10^6 \times 10^{-3} = 38.17\text{kN}$$

$$d = \sqrt[3]{\frac{8WDk}{\pi\tau}} = \sqrt[3]{\frac{8 \times 38.17 \times 10^3 \times 8 \times 10^{-2} \times 1}{\pi \times 150 \times 10^6}} \times 10^3 = 37.29\text{mm}$$

[답] $d = 37.29\text{mm}$

(2) 유효감김수(n)를 정수로 구하시오.

해설

$$n = \frac{\delta G d^4}{8 W D_1^3} = \frac{3 \times 10^{-2} \times 80 \times 10^9 \times (37.29 \times 10^{-3})^4}{8 \times 38.17 \times 10^3 \times (8 \times 10^{-2})^3} = 29.68 = 30$$

[답] $n = 30$

05

2중 코일 스프링에서 안쪽 코일의 평균(D_1) 27.5mm, 선재의 지름(d_1)은 2.6mm, 유효 감은수(n_1)는 95, 전체 높이 50mm, 바깥코일의 스프링의 선재의 지름(d_2) 5mm, 유효감감은수(n_2) 45, 평균 지름(D_2) 40mm, 전체높이(h) 50mm라고 하면, 이 스프링을 10mm(δ) 압축하는 데 필요한 하중(W)을 구하시오. [N]
(단, G = 80GPa이다.)

해설

$$W_1 = \frac{\delta G d^4}{8 n_1 D_1^3} = \frac{0.01 \times 80 \times 10^9 \times 0.0026^4}{8 \times 95 \times 0.0275^3} = 2.31\text{N}$$

$$W_2 = \frac{\delta G d_2^4}{8 n_2 D_2^3} = \frac{0.01 \times 80 \times 10^9 \times 0.005^4}{8 \times 45 \times 0.04^3} = 21.7\text{N}$$

$$W = W_1 + W_2 = 2.31 + 21.7 = 24.01\text{N}$$

[답] 24.01N

06

두께(h)가 6mm의 스프링(z) 6매를 겹쳐서 만든 겹판 스프링에 있어서 스펜(l) 1400mm, 판의 너비(b) 60mm, 중앙에 작용하는 하중(W) 3kN일 때 다음을 구하시오.
(단, 종탄성계수(E)는 200GPa, 허리 조임(e) 10mm이다.)

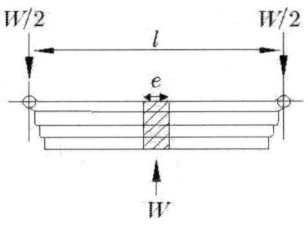

(1) 스프링 판의 응력(σ)은 몇 kPa인가 ?

해설

$$\sigma = \frac{3}{2} \times \frac{W(l-0.6e)}{zbh^2} = \frac{3}{2} \times \frac{3 \times (1400 - 0.6 \times 10)}{6 \times 0.06 \times 0.006^2} \times 10^{-3}$$
$$= 484027.678\text{kPa}$$

[답] σ = 484027.78kPa

(2) 처짐(δ)은 몇 mm인가 ?

해설

$$\delta = \frac{3}{8} \times \frac{W(l-0.6e)^3}{Enbh^3} = \frac{3}{8} \frac{3 \times 10^3 \times (1400 - 0.6 \times 10)^3 \times 10^{-3}}{200 \times 10^9 \times 6 \times 60 \times 10^{-3} \times (6 \times 10^{-3})^3} \times 10^3 = 195.95$$

[답] 195.95mm

07

하중(W_1)이 40kN에서 하중(W_2)이 45kN으로 변동할 때 처짐(δ)이 16mm 변화하는 압축코일 스프링에서 다음 사항을 구하시오.
(단, 스프링의 전단응력(τ)은 350MPa이며, 전단 탄성계수(G) 80GPa, 스프링 지수(c)는 6.5이다.)
응력 수정계수(K)는 $\left(K = \dfrac{c}{c-1} + \dfrac{1}{4c}\right)$

(1) 소선의 직경(d)을 정수로 구하시오.(mm)

해설

$$K = \frac{c}{c-1} + \frac{1}{4c} = \frac{6.5}{6.5-1} + \frac{1}{4 \times 6.5} = 1.22$$

$$T = W_2 \cdot \frac{D}{2} = \tau \frac{\pi d^3}{16}$$

$$\tau = K \frac{16T}{\pi d^3} = K \frac{16 W_2 D}{\pi d^3 2} = K \frac{8 W_2 C}{\pi d^2}$$

$$d = \sqrt{K \frac{8 W_2 C}{\pi \tau}} = \sqrt{1.22 \times \frac{8 \times 45 \times 6.5}{\pi \times 350 \times 10^3}} \times 10^3 = 50.95 \text{mm}$$

[답] 51mm

(2) 유효감김수(n)를 정수로 구하시오.

해설

$$\delta = \frac{8n(W_2 - W_1)D^3}{Gd^4} = \frac{8n(W_2 - W_1)C^3}{Gd}$$

$$n = \frac{\delta G d}{8(W_2 - W_1)C^3} = \frac{0.016 \times 80 \times 10^9 \times 0.051}{8 \times (45-40) \times 10^3 \times 6.5^3} = 5.94 = 6$$

[답] $n=6$

O ENGINEER CONSTRUCTION EQUIPMENT

제 11 장

감아걸기 전동장치

11-1 벨트 전동
11-2 체인 전동

[제 11-1 장] 벨트 전동

(1) 평벨트

① 축간거리 및 벨트 길이, 장력, 전달동력

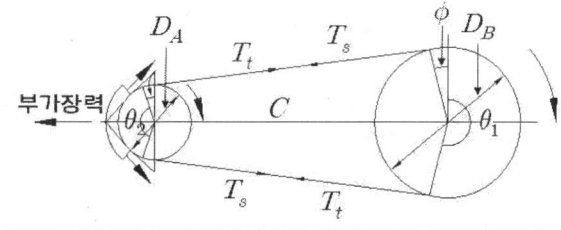

② $L(벨트의 길이) = 2C + \dfrac{\pi(D_A + D_B)}{2} + \dfrac{(D_B - D_A)^2}{4C}$

③ $\sin\phi = \dfrac{D_B - D_A}{2C}$ 이므로 (θ : 접촉 중심각).

$\theta_1 = 180 + 2\varnothing,\ \theta_2 = 180 - 2\varnothing$

$\theta_{1,2} = 180 \pm 2\sin^{-1}\dfrac{D_B - D_A}{2C}$

④ $i(속비) = \dfrac{w_B}{w_A} = \dfrac{N_B}{N_A} = \dfrac{D_A}{D_B}$

$V_A = V_B = \dfrac{\pi DN}{60 \times 1000}$

⑤ $T_t = P_e \dfrac{e^{\mu\theta}}{e^{\mu\theta} - 1},\quad T_s = P_e \dfrac{1}{e^{\mu\theta} - 1}$

$H_{kW} = P_e \cdot V$

여기서, T_t : 긴장측 장력, P_e : 회전력, T_s : 이완측 장력

⑥ 장력비 : $\dfrac{T_t}{T_s} = e^{\mu\theta}$ (θ는 rad값으로 들어가야 한다.)

$\mu = 0.25$, $\theta = 175°$에서 $e^{\mu\theta}$는 얼마인가?

$$e^{\mu\theta} = e^{\left(0.25 \times 175 \times \frac{\pi}{180}\right)} = 2.145$$

(2) $V > 10\text{m/s}$일 경우 원심력 고려

원심 부가장력 $= \dfrac{wV^2}{g}$ ($w = \gamma \cdot A[\text{N/m}]$), $mv^2[\text{kg}_m(\text{m/s})^2 = \text{kg}_m \cdot \text{m/s}^2 = \text{N}]$

$$T_t = P_e \dfrac{e^{\mu\theta}}{e^{\mu\theta}-1} + \dfrac{wV^2}{g}$$

$$T_s = P_e \dfrac{1}{e^{\mu\theta}-1} + \dfrac{wV^2}{g}$$

(3) 마력(벨트 1개의 마력)

$H_{kW} = F \cdot V$에서 $V = \dfrac{\pi D_1 N_1}{60 \times 1000}$

① 10m/s 이할 때(평벨트)

$$H_{kW} = P_e \cdot V = (T_t - T_s) \cdot V$$
$$= T_t \dfrac{e^{\mu\theta}-1}{e^{\mu\theta}} \cdot V$$
$$= T_s(e^{\mu\theta}-1) \cdot V$$

㉠ 회전력=유효장력(P_e)

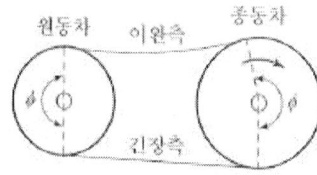
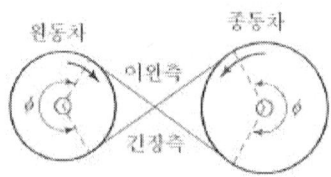

ⓒ 긴장력 장력(T_t)=허용장력

위쪽에 늘어뜨리는 것은 접촉각을 크게 해서 큰 동력을 얻기 위해서이다.

$$T_t = P_e \frac{e^{\mu\theta}}{e^{\mu\theta}-1}, \ P_e = \frac{e^{\mu\theta}-1}{e^{\mu\theta}} T_t$$

$$T_s = P_e \frac{1}{e^{\mu\theta}-1}, \ P_e = (e^{\mu\theta}-1) T_t$$

$$T_t = P_e \frac{e^{\mu\theta}}{e^{\mu\theta}-1} + \frac{wV^2}{g}, \ P_e = \frac{e^{\mu\theta}-1}{e^{\mu\theta}}\left(T_t - \frac{wV^2}{g}\right)$$

$$T_s = P_e \frac{1}{e^{\mu\theta}-1} + \frac{wV^2}{g}, \ P_e = (e^{\mu\theta}-1)\left(T_s - \frac{wV^2}{g}\right)$$

② 10m/s 이상일 때(평벨트)
부기장력, 즉 원심력을 고려한다.

$$H_{kW} = P_e \cdot V$$
$$= \left(T_t - \frac{wV^2}{g}\right)\frac{e^{\mu\theta}-1}{e^{\mu\theta}} \cdot V$$
$$= \left(T_s - \frac{wV^2}{g}\right)(e^{\mu\theta}-1) \cdot V$$

(4) 벨트의 인장강도(σ_t)

$$\sigma_t = \frac{T_t}{A\eta} = \frac{T_t}{bh\eta}$$

$$\sigma_t = \frac{T_t}{A} + E\varepsilon = \frac{T_t}{bh} + \frac{Eh}{D_A}$$

여기서, E: 벨트의 종탄성계수

(5) 전달마력이 최소가 되는 벨트의 속도

$$T_t - \frac{wV^2}{g} = 0 \text{일 때,} \quad T_t = \frac{wV^2}{g}$$

$$V = \sqrt{\frac{T_i \cdot g}{w}} = \sqrt{\frac{\sigma_t \cdot}{r}} = \sqrt{3} \cdot V_1 \to (H_{kW} = 0)$$

(6) 전달마력이 최대가 되는 벨트의 속도

$$T_t - \frac{3wV^2}{g} = 0 \text{일 때,} \quad T_t = \frac{3wV^2}{g}$$

$$V_1 = \sqrt{\frac{T_t \cdot g}{3w}} \to (H_{kW} = \max)$$

(7) 긴장측(Tension Side)과 이완측(Slack Side)에 있어서의 장력계수

w : 벨트의 단위 길이에 대한 무게(N/m)

Q : 벨트가 단위길이에 대하여 풀리의 림면을 누르는 힘(N)

F : 벨트의 단위길이에 대한 원심력(N)

T_t : 벨트의 긴장측 장력(N)

T_s : 벨트의 이완측 장력(N)

v : 벨트의 속도(m/sec)

θ : 벨트의 접촉각(radian)

μ : 벨트와 풀리의 림 사이의 마찰계수

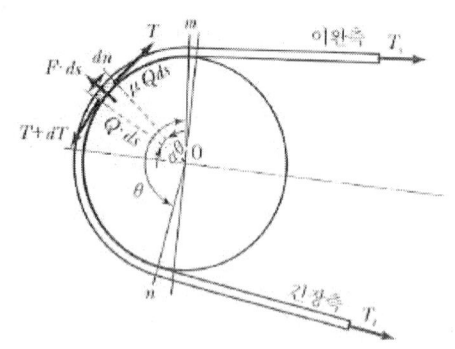

[벨트와 풀리 사이의 힘의 균형]

위의 그림에 있어서의 m점에서 벨트의 장력은 T_s이고, n점에서는 T_t라 하면, 벨트가 풀리에 감아져 있는 mn 사이에서 벨트의 장력은 T_s로부터 T_t에 점차로 변화하고 있는 것으로 생각한다.

따라서, mn 사이의 임의의 곳에 아주 작은 길이 ds를 취하여 생각하면, 이 부분의 이완 측에 가까운 쪽에는 T의 장력이 작용하고 긴장측에 가까운 쪽에는 $(T+dT)$의 장력이 작용한다. 이 두 힘은 일직선상에 있지 않으므로 이 힘들에 의하여 벨트는 풀리에 밀어붙이게 된다. 그리고 벨트가 풀리를 누르고 있는 힘은 Qds가 되고, Qds 때문에 벨트와 풀리 사이에는 μQds 마찰력이 생긴다. 그리고 위 그림의 (b)에서 힘의 평형식을 세우면,

$$Qds = T\sin\frac{d\theta}{2} + (T+dT)\sin\frac{d\theta}{2}$$

$$2T\sin\frac{d\theta}{2} + dT\sin\frac{d\theta}{2}$$

$d\theta, dT$는 아주 작으므로 제 2항은 생략하고,

또한, $\sin\frac{d\theta}{2} \fallingdotseq \frac{d\theta}{2}$ 라 하면

$$Qds = 2T\frac{d\theta}{2} = Td\theta$$

따라서, 마찰력은 $\mu Qds = \mu Td\theta$로 표시되고, 이것이 벨트를 미끄러져 나가게 하는 힘 dT와 균형을 이루고 있으므로,

$$dT = \mu Qds = \mu Td\theta$$

$$\therefore \frac{dT}{T} = \mu d\theta$$

이것을 m에서 m까지 적분하면

$$\int_{T_s}^{T_t}\frac{dT}{T} = \mu \int_n^\theta d\theta$$

$$\log_e \frac{T_t}{T_s} = \mu\theta$$

$$\frac{T_t}{T_s} = e^{\mu\theta}$$

이 식을 아이텔바인(Eytelwein) 식이라고 부르고 있다. 그리고 $\dfrac{T_t}{T_s}=e^{\mu\theta}$를 장력비라 부르고, 대체로 2~5의 범위 내에 있다.

(8) Stepped Fully(단차)의 속도변환

공비 $\phi=\dfrac{n_2}{n_1}=\dfrac{n_3}{n_2}=\cdots\dfrac{n_{m+1}}{n_m}=\cdots=\dfrac{n_p}{n_{p-1}}$

$\phi={}^{p-1}\!\!\sqrt{\dfrac{N_p}{N_1}}$

여기서, n_1 : 중동축의 최저 회전수

n_p : 중동축의 최대 회전수

p : 단수

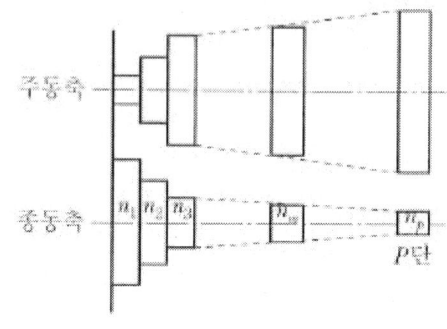

(9) V벨트

$N=\dfrac{Q}{2\left(\sin\dfrac{a}{2}+\mu\cos\dfrac{a}{2}\right)}$

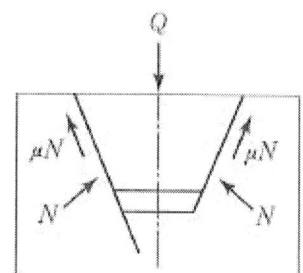

① 접선방향 마찰력(전달력)

$P=2\mu N=\dfrac{2\mu Q}{2\left(\sin\dfrac{a}{2}+\mu\cos\dfrac{a}{2}\right)}=\mu' Q$

② V벨트의 1개의 전달마력

$h_{kW}=\dfrac{e^{\mu'\theta}-1}{e^{\mu'\theta}}\left(T_t-\dfrac{wV^2}{g}\right)\cdot V$

③ H_{kW}를 전달하기 위한 가닥수(Z)

$H_{PS}=Z\cdot k_2\cdot H_{PS_0}$

$Z\geq\dfrac{H_{PS}}{k_1\cdot k_2\cdot H_1}$

여기서, k_1 : 접촉각 수정계수, k_2 : 충격 • 동부하계수

㉠ Z 값이 많아지기 위해서는 k_1, k_2의 값이 1보다 작아야 한다.

㉡ 1가닥 전달마력을 표에서 (180° 기준) 구할 때에는 접촉각 수정계수 (k_1)를 넣으나 계산에 의해 구할 시는 생략한다.

[제 11-2 장]　V 벨트

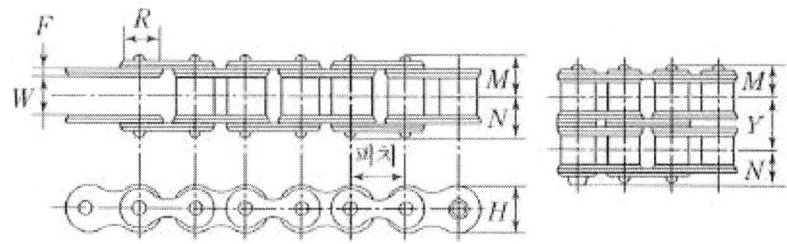

(1) 스프로킷 휠

① 링크의 수

$$L_n = \frac{L}{P} = \frac{2C}{P} + \frac{Z_A + Z_B}{2} + \frac{0.0257P(Z_B - Z_A)^2}{C} = 정수(짝수)$$

　㉠ 소수점 이하는 반올림하여 짝수 개로 한다.
　㉡ 홀수 개일 때는 옵셋 링크(offset link)를 사용해야 한다.

② 체인길이

$$L = L_n P$$

③ 속비

$$i = \frac{w_B}{w_A} = \frac{N_B}{N_A} = \frac{Z_A}{Z_B}$$

④ 체인의 속도

$$V = \frac{\pi \dfrac{PZ_A}{\pi} N_A}{60 \times 1000} = \frac{PN_A Z_A}{60 \times 1000}$$

⑤ 전달마력

$$H_{kW} = P_a \cdot V = \frac{W \cdot V}{S}$$

여기서, W: 파단하중, S: 안전율

⑥ 스프로킷 휠의 지름

$$D(\text{피치원 지름}) = \frac{p}{\sin\frac{180°}{Z}}$$

$$D_k(\text{이끝원 지름}) = 0.6p + \frac{p}{\tan\frac{180°}{Z}} = 0.6p + \cot\frac{180}{Z} \cdot p$$

⑦ 피치 : $\frac{\text{번호의 앞숫자}}{8} \times 25.4 (\text{mm})$

80번 롤러 체인의 피치 $\frac{8}{8} \times 25.4 = 25.4 \text{mm}$

(2) 사일런트 체인(Silent Chain)

① $\frac{a}{2} = \frac{\beta}{2} + \frac{2\pi}{Z}$

㉠ $a = \beta + \frac{4\pi}{Z} [\text{rad}]$

㉡ $a = \beta + \frac{4 \times 180}{Z} [°]$

② 면각 a : 52°, 60°, 70°, 80°이다.

㉠ 피치가 클 때 a는 작은 것을 사용한다.
㉡ 링크의 수는 반드시 짝수이다.

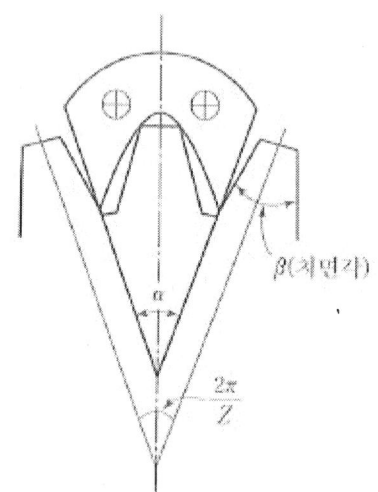

[롤러 체인의 각부 치수(단위: mm)]

롤러체인호칭번호	피치 p [mm]	롤러바깥지름 R (최대)	롤러링크내측 W (최소)	롤러링크의 축 M (최대)	핀의바깥지름 D	핀의 L부치수 (최대)	링크판두께 T	핀링크판의 폭 h (최대)	롤러링크판의 폭 H (최대)	참고치 스프로킷의 가로피치	최소파단하중(kN)
40	12.70	7.94	7.9	11.23	3.97	10.6	1.5	10.4	12.0	14.4	14.20
50	15.88	10.16	9.5	13.90	5.09	12.1	2.0	13.0	15.0	18.1	22.10
60	19.05	11.91	12.7	17.81	5.96	16.2	2.4	15.6	18.1	22.8	32.00
80	25.40	15.88	15.8	22.66	7.94	20.0	3.2	20.8	24.1	29.3	56.50
100	31.75	19.05	19.0	22.51	9.54	24.1	4.0	26.0	30.1	35.8	88.50
120	38.10	22.23	25.4	35.51	11.11	29.2	4.8	31.2	36.2	45.4	128.00

예상문제

01

원동차의 직경(D_1)은 200mm, 종동차의 직경(D_2)은 500mm이며 축간길이(C)는 1,000mm인 평벨트 전동장치에 필요한 벨트의 길이(L) mm를 계산하시오.

해설

$$L = 2C + \frac{\pi(D_1 + D_2)}{2} + \frac{(D_2 - D_1)^2}{4C}$$

$$= 2 \times 1000 + \frac{\pi \times (200 + 500)}{2} + \frac{(500 - 200)^2}{4 \times 1000} = 3122.06 \text{mm}$$

[답] $L = 3122.06$mm

02

다음 그림에서 회전수(N) 200rpm으로(H) 40kW을 전달하고자 한다. 다음을 구하시오. (단, $e^{\mu\theta} = 2$, 원심력의 영향은 무시한다.)

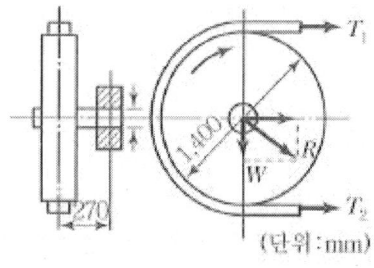

(1) 접선력 : P[kN]

해설

$$T = 974 \times \frac{H}{N} \times 9.8 = 974 \times \frac{40}{200} \times 9.8 = 1909.04 \text{J}$$

$$P = \frac{2 \times T}{1400} = \frac{2 \times 1909.04}{1400} = 2.73 \text{kN}$$

[답] 2.73kN

(2) 긴장측장력 : T_1[kN]

해설

$$T_1 = P \frac{e^{\mu\theta}}{e^{\mu\theta} - 1} = 2.73 \times \frac{2}{2 - 1} = 5.46$$

[답] $T_1 = 5.461$kN

(3) 풀리의 자중(W)이 1.5kN일 때 베어링 하중(R)을 구하시오.[kN]
(단, 접촉각 $\theta = 180°$로 계산한다.)

해설

$$T_2 = \frac{T_1}{e^{\mu\theta}} = \frac{5.46}{2} = 2.73$$

$$R = \sqrt{W^2 + (T_1 + T_2)^2} = \sqrt{1.5^2 + (5.46 + 2.73)^2} = 8.33$$

[답] $R = 8.33$kN

(4) 축의 허용전단응력이 $\tau_a = 40$MPa일 때, 축지름 : d[mm]
(단, 키홈의 영향을 고려하여 $\frac{1}{0.75}$배로 계산한다.)

해설

$$T = P \cdot \frac{D}{2} = 2.73 \times \frac{1400 \times 10^{-3}}{2} = 1.91$$

$$M = R \cdot 0.27 = 8.33 \times 0.27 = 2.25\text{kJ}$$

$$d = \frac{1}{0.75} \sqrt[3]{\frac{16 \times \sqrt{M^2 + T^2}}{\tau_a \pi}} = \frac{1}{0.75} \times \sqrt[3]{\frac{16 \times \sqrt{2.28^2 + 1.91^2}}{40 \times 10^3 \times \pi}} \times 10^3 = 96.22$$

[답] $d = 96.22$mm

03

그림과 같은 벨트 전동 장치가 $N = 800$rpm으로 (H) 20kW를 전달한다. 풀리의 자중 $W = 0.6$kN, $T_t = 1.2$kN, $T_s = 0.7$kN이라 할 때, 다음을 구하시오.

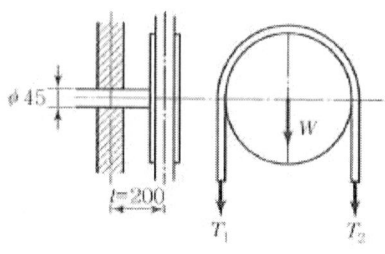

(1) 축에 작용하는 굽힘 모멘트 : M(kJ)

해설

$$M = (W + T_t + T_s) \times l = (0.6 + 1.2 + 0.7) \times 0.2 = 0.5$$

[답] $M = 0.5$kJ

(2) 축에 작용하는 비틀림 모멘트 : T(kJ)

해설

$$T = 974 \times \frac{H}{N} \times 9.8 \times 10^{-3} = 974 \times \frac{20}{800} \times 9.8 \times 10^{-3} = 0.24$$

[답] $T = 0.24$kJ

(3) 축에 작용하는 상당 굽힘 모멘트 : M_e(kJ)

$$M_e = \frac{1}{2}(M + \sqrt{M^2 + T^2}) = \frac{1}{2}(0.5\sqrt{0.5^2 + 0.24^2}) = 0.53\text{kJ}$$

[답] 0.53kJ

(4) 축에 작용하는 굽힘 응력 : σ_b(KPa)

$$\sigma_b = \frac{32M_e}{\pi d^3} = \frac{32 \times 0.53}{\pi \times 0.045^3} = 59243.19\text{kPa}$$

[답] 59243.19KPa

04

평벨트 전동 장치에서 유효 장력(F)이 1kN이고 긴장 측의 장력(T_t)이 이완 측의 장력(T_s)에 2배일 때, 이 벨트의 폭(b)은 몇 mm인가?
(단, $\sigma_W = 2.5\text{MPa}$, 두께(t) 5mm, 이음효율(η) 80%이다.

$$T_t = F\frac{2}{2-1} = 1 \times \frac{2}{2-1} = 2\text{kN}$$

$$b = \frac{T_t}{\sigma_w t \eta} = \frac{2}{2.5 \times 0.005 \times 0.8} = 200\text{mm}$$

[답] 200mm

05

벨트의 속도 $v=$10m/sec의 경우 A형 V벨트 한 개의 전달 마력(H)을 구하면 몇 kW인가?
(단, 접촉각 $\theta = 135°$, 풀리는 주철제로 하고 벨트의 마찰 계수 $\mu = 0.4$, 유효장력(P_e) 150N이다.)

$$H = P_e V = 150 \times 10 \times 10^{-3} = 1.5\text{kW}$$

[답] $H = 1.5\text{kW}$

06

(H) 8kW, (N_1) 750rpm의 원동축으로부터 축간거리(C) 820mm, (N_2) 250rpm인 종동축으로 전달하려 한다. 롤러 체인을 사용하고 체인의 평균 속도(V)를 3m/sec, 안전계수 (S)를 15로 할 때 다음 사항을 구하시오. (단, $p = 19.05\text{mm}$이다.)

(1) 스프로킷 휠 치수(Z_1, Z_2)를 구하시오.

$$Z_1 = \frac{V \times 60 \times 1{,}000}{P \cdot N_1} = \frac{3 \times 60 \times 1{,}000}{19.05 \times 750} = 12.6 = 13$$

$$Z_2 = Z_1 \times \frac{N_1}{N_2} = 13 \times \frac{750}{250} = 39$$

[답] $Z_1 = 13$, $Z_2 = 39$

(2) 원동차의 피치원지름(D_1) 및 이끝원 지름(D_{k1})은 몇 mm인가?

$$D_1 = \frac{P}{\sin\frac{180}{Z_1}} = \frac{19.05}{\sin\frac{180}{13}} = 79.6$$

$$D_{k1} = 0.6P + \frac{P}{\tan\frac{180}{Z_1}} = 0.6 \times 19.05 + \frac{19.05}{\tan\frac{180}{13}} = 88.72$$

[답] $D_1 = 79.6$, $D_{k1} = 88.72$

07

8m/sec의 속도(V)로 (H) 8kW을 전달하는 바로 걸기 평벨트 전동장치에서 긴장 측의 장력(T_t)이 이완 측 장력(T_s)의 1.5배이고, 벨트의 허용인장응력(σ)이 2.5MPa, 이음효율(η)이 90%일 때 다음을 구하시오.

2겹 평밸트			
공업용 가죽 벨트의 표준 치수[mm]			
b(폭)	t(두께)	b(폭)	t(두께)
114	6	178	7
127	7	191	8
143	7	203	8
154	7	221	8
165	7	254	8

(1) 유효장력(P_e)

해설

$$P_e = \frac{H}{V} = \frac{8}{8} = 1\text{kN}$$

[답] 1kN

(2) 2겹 가죽 벨트를 사용할 경우 벨트의 폭(b)과 두께(t)를 표를 이용하여 결정하여라.

해설

$$e^{\mu\theta} = \frac{T_t}{T_s} = 1.5, \quad T_t = P_e \frac{e^{\mu\theta}}{e^{\mu\theta}-1} = 1 \times \frac{1.5}{1.5-1} = 3\text{kN}$$

$$bt = \frac{T_t}{\sigma\eta} = \frac{3 \times 10^3}{2.5 \times 10^6 \times 0.9} \times 10^6 = 1333.33\text{mm}^2$$

$191 \times 8 = 1528$

[답] $b = 191$, $t = 8$

08

지름이 각각 (D_1) 250mm, (D_2) 500mm의 주철제 벨트 풀리에 폭 $b=140$mm, 두께 $t=5$mm, 허용인장응력(σ) 2.5MPa인 1겹 가죽 평벨트를 사용하여 동력을 전달하고자 한다. 작은 풀리의 회전수(N_1)가 1200rpm일 때 다음을 구하시오.
(단, 장력비 $e^{\mu\theta}=2.13$, 이음 효율 $\eta=0.8$, 단위길이(m)당 무게 $w=0.01bt[P_a \cdot m])$

(1) 원심력에 의한 벨트의 부가장력 : T_c[kN]

해설
$$w=0.01bt=0.01\times 0.14\times 0.005=7\times 10^{-6}$$
$$V=\frac{\pi D_1 N_1}{60\times 1000}=\frac{\pi\times 250\times 1200}{60\times 1000}=15.71$$
$$T_c=\frac{w\cdot V^2}{g}=\frac{7\times 10^{-6}\times 15.71^2}{9.8}\times 10^{-3}=1.76\times 10^{-7}$$

[답] $T_c=1.76\times 10^{-7}$kN

(2) 긴장측장력 : T_1[kN]

해설
$$T_1=\sigma bt\eta=2.5\times 10^6\times 140\times 10^{-3}\times 5\times 10^{-3}\times 0.8\times 10^{-3}=1.4$$

[답] $T_1=1.4$

(3) 전달마력 : H[kW]

해설
$$H=(T_1-T_c)\frac{e^{\mu\theta}-1}{e^{\mu\theta}}\cdot V=(1.4-1.76\times 10^{-7})\times\frac{2.13-1}{2.13}\times 15.71=11.67$$

[답] $H=11.67$kW

(4) 접촉각 $\theta=180°$라 가정할 때 베어링 하중 : F[kN]

해설
$$T_2=\frac{T_1-T_c}{e^{\mu\theta}}+T_c=\frac{1.4-1.76\times 10^{-7}}{2.13}+1.76\times 10^{-7}=0.66$$
$$F=T_1+T_2=1.4+0.66=2.06$$

[답] 2.06kN

09

출력(H) 120kW, 회전수 $N_1 = 1150$rpm의 원동축에서 회전수 $N_2 = 300$rpm으로 운전되는 종동축의 축간거리 (C) 1.5m인 V-belt 전동장치가 있다. 원동축의 풀리 지름 (d_1)이 300mm, V-belt 1[m]당 무게 0.056kN, $e^{\mu'\theta} = 3.4$ 일 때 다음을 구하시오.

(1) 종동 풀리의 지름 : D_2[mm]

해 설

$$D_2 = d_1 \frac{N_1}{N_2} = 300 \times \frac{1150}{300} = 1150 \text{mm}$$

[답] 1150mm

(2) 원심력의 부가장력 : T_c[kN]

해 설

$$T_c = \frac{0.056}{g} \times \left(\frac{\pi d_1 N_1}{60 \times 1000}\right)^2 = \frac{0.056}{9.8} \times \left(\frac{\pi \times 300 \times 1150}{60 \times 1000}\right)^2 = 1.86 \text{kN}$$

[답] 1.86kN

(3) V-belt의 허용장력 (T_t)이 8.5kN일 때 1개의 전달마력 : H_0[kW]

해 설

$$H_o = \frac{e^{\mu'\theta} - 1}{e^{\mu'\theta}}(T_t - T_c)\left(\frac{\pi d_1 N_1}{60 \times 1000}\right)$$

$$= \frac{3.4 - 1}{3.4} \times (8.5 - 1.86) \times \left(\frac{\pi \times 300 \times 1150}{60 \times 1000}\right) = 84.67 \text{kW}$$

[답] $H_o = 84.67$kW

(4) 가닥수 : Z(정수로 올림)(단, 부하수정계수 $k_2 = 0.75$이다.)

해 설

$$Z = \frac{H}{k_2 H_o} = \frac{120}{0.75 \times 84.67} = 1.89 = 2$$

[답] $Z = 2$

10

No.50 롤러체인(Roller Chain)(파단하중 22kN, 피치 15.88mm)으로 (N_1) 750rpm의 구동축(N_2)을 250rpm으로 감속 운전하고자 한다. 구동 스프로킷(Sproket)의 이수 (Z_1)를 17개, 안전율(S)을 16으로 할 때 다음을 구하시오.

해설

(1) 체인속도 : V[m/s]

$$V = \frac{15.88 \times Z_1 N_1}{60 \times 1000} = \frac{15.88 \times 17 \times 750}{60 \times 1000} = 3.37 \text{m/s}$$

[답] 3.37m/s

해설

(2) 전달동력 : H[kW]

$$H = \frac{22V}{S} = \frac{22 \times 3.37}{16} = 4.63 \text{kW}$$

[답] $H = 4.63$kW

해설

(3) 피동 스프로킷의 피치원 지름 : D_2[mm]

$$Z_2 = Z_1 \frac{N_1}{N_2} = 17 \times \frac{750}{250} = 51$$

$$D_2 = \frac{15.88}{\sin\frac{180}{Z_2}} = \frac{15.88}{\sin\frac{180}{51}} = 257.96 \text{mm}$$

[답] 257.96mm

11

50번 롤러 체인으로 회전수 $N_1 = 900$rpm, 이수 $Z_1 = 20$인 원동차에서 이수 $Z_2 = 60$인 종동차에 동력을 전달하고자 한다. 롤러 체인의 길이 $L = 2,096$mm, 안전율(S) 15일 때 다음을 구하시오.

체인의 호칭 번호	피치 p[mm]	파단하중 F 단위[MN]
25	6.35	36
35	9.525	80
40	12.70	142
50	15.88	221
60	19.06	320
80	25.40	565
100	31.75	885

(1) 링크의 수(L_n)를 짝수 개로 구하시오.

해설

$$L_n = \frac{L}{P} = \frac{2,096}{15.88} = 131.99 = 132$$

[답] 132

(2) 체인의 평균속도 v는 몇 m/sec 인가?

해설

$$V = \frac{PZ_1 N_1}{60 \times 1000} = \frac{15.88 \times 20 \times 900}{60 \times 1000} = 4.76 \text{m/s}$$

[답] 4.76m/s

(3) 체인의 전달마력은 몇 (H)[kW]인가?

해설

$$H = \frac{FV}{S} = \frac{221 \times 10^6 \times 4.76}{15} \times 10^{-3} = 70130.67 \text{kW}$$

[답] $H = 70130.67$kW

12

그림과 같은 두 개의 벨트 풀리에 전달마력(H)이 10kW이고, 속도(V)가 9m/sec인 가죽벨트 풀리 동력전달장치가 있다. 긴장 측의 장력(T_1)은 이완 측 장력(T_s)의 2.5배이고, 벨트의 이음효율은 80%이다.

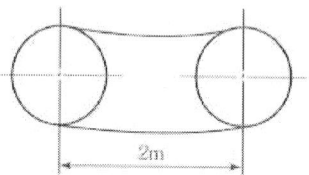

(1) 유효장력 P_e는 몇 kN인가?

해설

$$P_e = \frac{H}{V} = \frac{10}{9} = 1.11 \text{kN}$$

[답] 1.11kN

(2) 긴장 측의 장력 T_t는 몇 kN인가?

해설

$$T_t = P_e \frac{2.5}{2.5-1} = 1.11 \times \frac{2.5}{2.5-1} = 1.85 \text{kN}$$

[답] 1.85kN

(3) 회전수 $n = 860$rpm일 때, 가죽 벨트의 전달 토크는 몇 kJ인가?

해설

$$974 \times \frac{H}{n} = 9.8 = 974 \times \frac{10}{860} \times 9.8 \times 10^{-3} = 0.11 \text{kJ}$$

[답] 0.11kJ

(4) 풀리의 직경이 각각(D_1) 200mm, (D_2) 250mm이다. 벨트의 길이(l)를 구하시오.

해설

$$l = 2C + \frac{\pi(D_2+D_1)}{2} + \frac{(D_2-D_1)^2}{4C}$$

$$= 2 \times 2000 + \frac{\pi(200+250)}{2} + \frac{(250-200)^2}{4 \times 2000}$$

$$= 4707.17$$

[답] $l = 4707.17$mm

(5) 사용하는 가죽 벨트는 두 겹이고, $t = 6\text{mm}$이다. 벨트 폭의 오차가 $\pm 3.0\text{mm}$이면, 벨트 폭은 몇 mm면 되겠는가?
(단, 벨트의 허용인장응력 $\sigma_t = 2.5\text{MPa}$이다.)

해설

$$b = \frac{T_t}{\sigma_o t \eta} + 3 = \frac{1.85 \times 10^3}{2.5 \times 10^6 \times 6 \times 10^{-3} \times 0.8} \times 10^3 + 3 = 157.17$$

[답] $b : 157.17\text{mm}$

13

10kW, 1200rpm의 전동기로 600rpm의 볼류트 펌프를 롤러 체인에 의해 구동하려 한다. 다음을 구하시오.
(단, 축간거리 : 500mm, 1일 24시간 운전 체인속도 : 6m/sec, 체인의 No.40, 2열, 피치 : 12.7mm, 하중계수 : 1.3, 다열 계수 : 1.7, 안전계수 : 10으로 한다.)

(1) 체인의 허용하중

해설

$$P_a = \frac{H}{1.7 V \times 1.3} = \frac{10}{1.7 \times 6 \times 1.3} = 0.75$$

$$W = S \cdot P_s = 10 \times 0.75 = 7.5$$

[답] $P_a = 0.75\text{kN}, \quad W = 7.5\text{kN}$

(2) 스프로킷의 이수 : Z_1, Z_2

해설

$$Z_1 = \frac{60 \times 1000}{P N_1} = \frac{60 \times 1000 \times 6}{12.7 \times 1200} = 23.62 \fallingdotseq 24$$

$$Z_2 = Z_1 \frac{N_1}{N_2} = 24 \times \frac{1200}{600} = 48$$

[답] $Z_1 = 24, Z_2 = 48$

(3) 스프로킷의 피치원 직경 : D_1, D_2

해설

$$D_1 = \frac{P}{\sin\frac{180}{Z_1}} = \frac{12.7}{\sin\frac{180}{24}} = 97.3$$

$$D_2 = \frac{P}{\sin\frac{180}{Z_2}} = \frac{12.7}{\sin\frac{180}{48}} = 194.18$$

[답] $D_1 = 97.3\text{mm}, \quad D_2 = 194.18\text{mm}$

(4) 스프로킷의 바깥지름 : D_{01}, D_{02}

해설

$$D_{01} = 0.6P + \frac{P}{\tan\frac{180}{Z_1}} = 0.6 \times 12.7 + \frac{12.7}{\tan\frac{180}{24}} = 104.09$$

$$D_{02} = 0.6P + \frac{P}{\tan\frac{180}{Z_2}} = 0.6 \times 12.7 + \frac{12.7}{\tan\frac{180}{48}} = 201.38$$

[답] $D_{01} = 104.09$mm, $D_{02} = 201.38$mm

(5) 링크수 : L_n

해설

$$L_n = \frac{2C}{P} + \frac{Z_1 + Z_2}{2} + \frac{0.0257P(Z_2 - Z_1)^2}{C}$$

$$= \frac{2 \times 500}{12.7} + \frac{24 + 48}{2} + \frac{0.0257 \times 12.7 \times (48-24)^2}{500} = 115.12 ≒ 116$$

[답] $L_n = 116$

14

V벨트로 운전되고 있는 공기압축기가 있다. 원동모터는 (H) 8kW, (N_1) 1150rpm, 종동 풀리의 회전수(N_2)는 250rpm, 축간거리(C)를 1650mm로 할 때 표를 참조하여 다음을 구하시오. (단, $D_1 = 190$mm이다.)

[전달동력과 벨트형(V벨트의 선택기준)]

전달동력	V 벨트의 속도(m/sec)		
	10 이상	10~17	17이상
2 이하	A	A	A
2~ 5	B	B	B
5~10	B	B	B
10~25	C	B, C	B, C
25~30	C, D	C	C

기계의 종류	부하수정계수(k_2)
펌프, 송풍기, 컨베이어, 인쇄기계 등	1.00
목공기계, 경공작 기계 등	0.09
공기 압축기	0.85
크레인 원치 등	0.75
분쇄기 공작기계 제분기 등	0.70
방적기 광산기계 등	0.60

[접촉각 수정계수 k_1]

$\theta°$	180	175	170	165	160	155	150	145	140	135	130	125	120
k_1	1.00	0.99	0.98	0.97	0.95	0.94	0.92	0.90	0.89	0.87	0.86	0.82	0.80

[V벨트 1개의 전달동력[kW]: H_0(180° 기준)]

벨트의 속도[$m/\sec$] \ 형별	A	B	C	D	E
9.0	1.6	2.1	4.9	9.2	12.8
9.5	1.6	2.2	5.2	9.6	13.4
10.0	1.7	2.3	55	10.0	14.0
10.5	1.8	2.4	5.7	10.5	14.6
11.0	1.9	2.5	5.9	11.0	15.2
11.5	1..9	2.6	6.1	11.5	15.8
12.0	2.0	2.7	6.3	12.0	16.4
12.5	2.1	2.8	6.5	12.5	17.0
13.0	2.2	2.8	6.7	12.9	17.5
13.5	2.2	2.9	6.9	23.3	18.0
14.0	2.3	2.0	7.1	13.7	18.5

(1) V벨트의 형

해설

$$V = \frac{\pi D_1 N_1}{60 \times 1000} = \frac{\pi \times 190 \times 1150}{60 \times 1000} = 11.44 \text{m/s}$$

$H = 8\text{kW}$

[답] B형

(2) V벨트의 길이[mm]

$$D_2 = D_1 \frac{N_1}{N_2} = 190 \times \frac{1150}{250} = 874 \text{mm}$$

$$L = 2C + \frac{\pi(D_1 + D_2)}{2} + \frac{(D_2 - D_1)^2}{4C}$$

$$= 2 \times 1650 + \frac{\pi(190 + 874)}{2} + \frac{(874 - 190)^2}{4 \times 1650}$$

$$= 5042.21 \text{mm}$$

[답] 5042.21mm

(3) V 벨트의 개수

$$\theta = 180 - 2\sin^{-1}\left(\frac{D_2 - D_1}{2C}\right) = 180 - 2\sin^{-1}\left(\frac{874 - 190}{2 \times 1{,}650}\right) = 156.07°$$

$$Z = \frac{H}{k_1 k_2 H_o} = \frac{8}{0.94 \times 0.85 \times 2.6} = 3.85 ≒ 4$$

[답] 4

15

4가닥 D형 V벨트를 벨트 속도 1200[m/min]로 운전할 때의 다음사항을 구하시오.
(단, 접촉각 $\theta = 160°$, 유효(상당) 마찰계수 $\mu' = 0.5$, 단위길이당 중량 $w = 5$[N/m], 접촉각 수정계수 $k_1 = 0.95$, 부하 수정계수 $k_2 = 0.8$이며, 허용장력 (F)은 1[kN]이다.)

(1) 벨트 1가닥의 전달마력(H_1)[kW]을 구하시오.

$$e^{\mu'\theta} = e^{0.5 \times 160 \times \frac{\pi}{180}} = 0.04$$

$$V = \frac{1200}{600} = 20 \text{m/s}$$

$$H_1 = \frac{e^{\mu'\theta} - 1}{e^{\mu'\theta}}\left(F - \frac{wV^2}{g}\right)V = \frac{4.04 - 1}{4.04} \times \left(1000 - \frac{5 \times 20^2}{9.8}\right) \times 20 \times 10^{-3}$$

$$= 11.98 \text{kW}$$

[답] $H_1 = 11.98$kW

(2) 전체 전달마력(H_T)[kW]

해설 $H_T = 4k_2H_1 = 4 \times 0.8 \times 11.98 = 38.34\text{kW}$

[답] $H_T = 38.34\text{kW}$

16

다음 그림을 보고 각 물음에 답하시오.

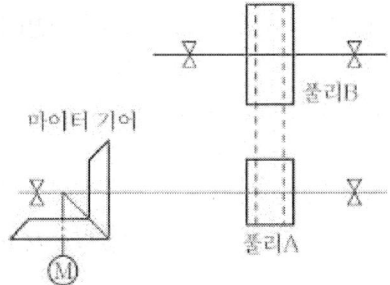

(1) A의 지름이 100mm라고 하면 50rpm으로 회전하는 풀리 B의 지름은 몇 mm인가? (단, 전동기는 5kW, 350rpm이다.)

해설 $D_B = \dfrac{N_A}{N_B}D_A = \dfrac{350}{50} \times 100 = 700$

[답] $D_B = 700\text{mm}$

(2) 전동기의 축지름 및 풀리 B의 축지름을 구하시오.
(단, $\tau_a = 40\text{MPa}$이다.)

해설 $d_m = \sqrt[3]{\dfrac{16 \times \left(974 \times \dfrac{H}{N} \times 9.8\right)}{\tau_o \cdot \pi}} = \sqrt[3]{\dfrac{16 \times 974 \times \dfrac{5}{350} \times 9.8}{40 \times 10^6 \times \pi}} \times 10^3 = 25.89$

$d_B = \sqrt[3]{\dfrac{16\left(974 \times \dfrac{H}{N} \times 9.8\right)}{\tau_a \cdot \pi}} = \sqrt[3]{\dfrac{16 \times 974 \times \dfrac{5}{50} \times 9.8}{40 \times 10^6 \times \pi}} \times 10^3 = 49.53$

[답] $d_m = 25.89\text{mm}$, $d_B = 49.53\text{mm}$

(3) 풀리 A와 풀리 B는 평행걸기 평벨트로 연결된다.
$e^{\mu\theta}=2.1$, $t=8\text{mm}$, $\mu=0.25$, $\sigma_a=20\text{MPa}$, $\eta=80\%$일 때 폭 b는 얼마인가?[mm]

해 설

$$T_t = \frac{H}{V} \times \frac{e^{\mu\theta}}{e^{\mu\theta}-1} = \frac{5\times 60\times 1000}{\pi\times 100\times 350} \times \frac{2.1}{2.1-1} = 5.21\text{kN}$$

$$b = \frac{T}{\sigma_a t \eta} = \frac{5.21\times 10^3}{20\times 10^6 \times 0.008 \times 0.8}\times 10^3 = 40.7\text{mm}$$

[답] $b=40.7\text{mm}$

(4) 마이터 기어가 $m=4$, $Z=20$일 때 외경(D_k) 및 원주거리(l)는 각각 얼마인가?[mm]

해 설

$$D_k = m(Z+2\cos 45) = 4\times(20+2\cos 45) = 85.66\text{mm}$$

$$l = \frac{mZ}{2\sin 45} = \frac{4\times 20}{2\times \sin 45} = 56.57\text{mm}$$

[답] $D_k=85.66\text{mm}$, $l=56.57\text{mm}$

17

(H) 3kW, (N_1) 1800rpm의 전동기로부터 (N_2) 360rpm의 작업까지 십자걸기의 평벨트로 연결하여 구동하려 한다. 축간거리(C) 1m, 벨트의 마찰계수(μ) 0.25, 구동풀리의 직경 $D_1 = 125\mathrm{mm}$일 때 다음 사항을 구하시오.
(단, 벨트의 허용응력 2MPa이고 원심력은 무시하며 접촉각 $\theta = 224°$ 이다.)

(1) 벨트 길이(L)를 구하시오.(mm)

해설

$$D_2 = D_1 \frac{N_1}{N_2} = 125 \times \frac{1800}{360} = 625$$

$$L = 2C + \frac{\pi(D_2 + D_1)}{2} + \frac{(D_2 + D_1)^2}{4C}$$

$$= 2 \times 1000 + \frac{\pi(625 + 125)}{2} + \frac{(625 + 125)^2}{4 \times 1000} = 3318.72$$

[답] $L = 3318.72\mathrm{mm}$

(2) 벨트 단면적(A)(mm^2)을 구하시오.

해설

$$P = \frac{974 \times \dfrac{H}{N} \times 9.8}{\dfrac{D_1}{2}} = \frac{974 \times \dfrac{3}{1800} \times 9.8}{\dfrac{125 \times 10^{-3}}{2}} = 254.54$$

$$A = \frac{T_t}{\sigma_a} = \frac{408.11}{2 \times 10^6} \times 10^6 = 204.06$$

[답] $A = 204.06\mathrm{mm}^2$

O ENGINEER CONSTRUCTION EQUIPMENT

제 12 장

기어 전동장치

12-1 기어의 각부 명칭
12-2 스퍼 기어
12-3 전위 기어
12-4 베벨 기어
12-5 헬리컬 기어
12-6 웜과 웜 기어(감속을 크게 할 때)

[제 12-1 장] 기어의 각부 명칭

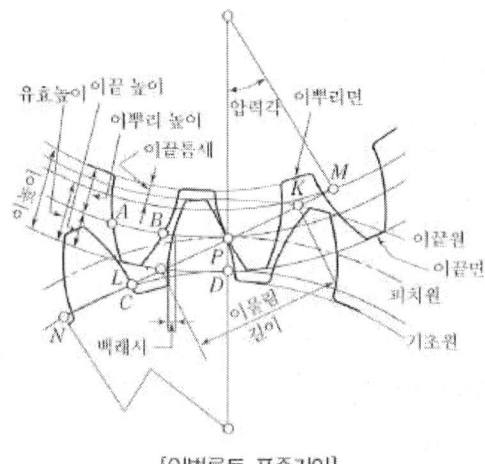

[인벌류트 표준기어]

(1) 피치원(Pitch Circle)

기어는 마찰차에 요철(凹凸)을 붙인 것이므로 원통 마찰차로 기상을 할 때 마찰차가 접촉하고 있는 원에 상당하는 것이 피치원이다.

(2) 원주 피치(Circular Pitch)

피치원 위에서 측정한 2개의 이웃하는 이에 대응하는 부분 간의 거리이다.

(3) 기초원(Base Circle)

이 모양 곡선을 만드는 원이다.

(4) 이끝 원(Addendum Circle)

기어의 이끝을 연결하는 원이다.

(5) 이뿌리원(Tooth Circle)

기어의 이뿌리를 연결하는 원이다.

(6) 이끝 높이(Addendum)
피치원에서 이끝원까지의 거리이다.

(7) 이뿌리 높이(Dedendum)
피치원에서 이뿌리원까지의 거리이다.

(8) 총 이높이(Height of Tooth)
이끝 높이와 이뿌리 높이를 합한 크기이다.

(9) 이두께(Tooth ThickNess)
피치원에서 측정한 이의 두께이다.

(10) 유효 이높이(Working Depth)
서로 물린 한 쌍의 기어에서 두 기어의 이끝 높이의 합이다.

(11) 클리어런스(Clearance)
이끝원에서부터 이것과 물리고 있는 기어의 이뿌리원까지의 거리이다.

(12) 백래시(Back Lash)
한 쌍의 기어를 물렸을 때 이의 뒷면에 생기는 간격이다.

(13) 기어와 피니언(Gear and Pinion)
한 쌍의 기어가 서로물고 있을 때 큰 쪽을 기어라 하고, 작은 쪽을 피니언이라 한다.

(14) 접촉각(Angle of Action)
구동 기어의 한 개의 이가 피동 기어에 물리는 이와 접촉하여 회전한 각도를 구동기어의 접촉각이라 한다.

[제 12-2 장] 스퍼 기어

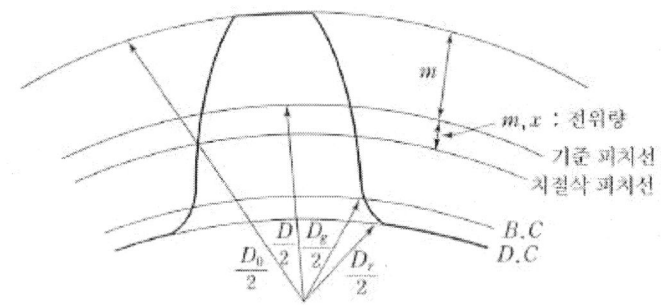

(1) 모듈

$$m = \frac{D}{Z}$$

(2) 원주 피치

$$P = \frac{\pi D}{Z} = \pi m$$

(3) 피치원 지름

$$D = mZ = \frac{P \cdot Z}{\pi}$$

(4) 이끝원 지름

$$D_0 = D + 2a = mZ + 2m = m(Z+2)$$

(5) 기초원(a : 공구압력각(20°, 14.5°))

① 지름

$$D_g = D\cos a = Zm\cos a$$

② 기초원 피치(법선 피치)

$$P_g = P_n = \frac{\pi D_g}{Z} = \frac{\pi D}{Z} \cos a = P \cos a$$

③ 이끝 틈새(c)

$$c = k \cdot m = 0.25m$$

④ 이뿌리 높이(d)

$$d = a + c = 1.25m$$

⑤ 총 이높이(h)

$$h = a + d = 2.25m$$

(6) 속비(i)

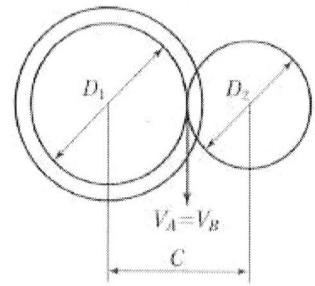

$$i(\text{회전비}) = \frac{w_B}{w_A} = \frac{N_B}{N_A} = \frac{D_1}{D_2} = \frac{Z_A}{Z_B}$$

$$C = \frac{D_1 + D_2}{2} = \frac{m(Z_A + Z_B)}{2}$$

$$P_d(DP) = \frac{Z}{D}[\text{inch}] = \frac{1}{\frac{m}{25.4}} = \frac{25.4}{m}$$

(7) 굽힘강도

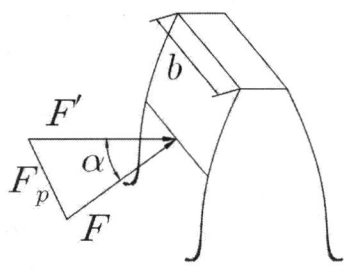

[이의 강도]

여기서, F: 회전력

F_v : 축에 수직으로 작용하는 힘

F' : 치면에 수직으로 작용하는 힘(축작용력)(a : 압력각(20°, 14.5°))

$F = F' \cdot \cos a$

$F_v = F \cdot \tan a$

■ 피치 원주상의 회전력(전달력)

① 실용 계산 공식

$$F = F' \cdot \cos a$$
$$= f_v \cdot f_w \cdot \sigma_b \cdot p \cdot b \cdot y$$
$$= f_v \cdot f_w \cdot \sigma_b \cdot b \cdot m \cdot Y (Y는 \pi 포함)$$

② 면압강도

$$F_n = f_v \cdot k \cdot m \cdot b \cdot \frac{2Z_1 Z_2}{Z_1 + Z_2}$$

$$k = \frac{\sigma_0^2 \sin 2a}{28} \left(\frac{1}{E_1} + \frac{1}{E_2} \right) (재료에 따른 접촉면 응력계수)$$

$$H = \frac{PV}{75}$$

전달력(P)은 F, F', F_n 중에서 가장 작은 값을 선택한다.

[스퍼기어의 치형 계수 y의 값]

이수 z	압력값 $a=14.5°$ 표준기어 y_0	압력값 $a=20°$ 표준 기어 y_0	압력값 $a=20°$ 낮은이 표준 기어 y_0
18	0.293	0.355	0.399
19	0.299	0.340	0.409
20	0.305	0.346	0.415
21	0.311	0.352	0.420
22	0.313	0.354	0.426
24	0.313	0.359	0.434
26	0.327	0.367	0.443
28	0.332	0.372	0.448
30	0.334	0.377	0.453
34	0.342	0.388	0.461
38	0.347	0.400	0.469
43	0.352	0.411	0.474
50	0.357	0.422	0.486
60	0.365	0.433	0.493
75	0.369	0.443	0.504
100	0.374	0.454	0.512
150	0.378	0.464	0.523
300	0.385	0.474	0.536
래크	0.390	0.484	0.550

Reference

$$f_v = \frac{3.05}{3.05+V}(V=10\text{m/sec 이하}),\ f_v = \frac{6.1}{6.1+V}(V=10\text{m/sec 이상})$$

$Y=\pi y,\ p=\pi m$ (여기서, f_w : 하중계수, y : 치형계수, f_v : 속도계수)

(8) 이의 간섭과 언더컷

두 치차의 속비가 현저히 크거나 이수가 작을 경우 한쪽 치차의 이끝이 상대편 치차의 이뿌리에 닿아 회전을 방해하는 현상을 이의 간섭(Interference of Tooth)이라 하며, 기어 절삭 시 이의 간섭이 일어나면 이뿌리 부분이 파 먹혀 가늘게 되어 물림길이가 감소된다. 이러한 현상을 언더컷(Undercut)이라 하며, 보통 언더컷이 생기지 않는 한계 이수를 z_g라 하면, $z_g = \dfrac{2}{\sin^2 a}$ 이며, 표로 작성하면 다음과 같다.

[언더컷의 한계 이수]

공구압력각(a)	20°	14.5°
이론 이수(z_g)	17	32
실용적 이수($z_g{'}$)	14	26

(9) 치차열

기소 회전수	A	B	C
전체고정	N_C	N_C	N_C
암고정	$N_A - N_C$	$-(N_A - N_C)\dfrac{Z_A}{Z_B}$	0
실제	N_A	$N_C - (N_A - N_C)\dfrac{Z_A}{Z_B}$	N_C

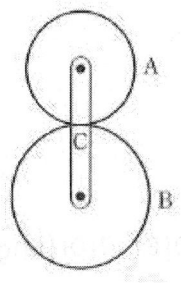

[제 12-3 장] 전위 기어

■ 사용목적

① 언더컷의 방지

② 중심거리 자유로이 변화

③ 이의 강도 개선

④ 이수가 적을 때

[제 12-4 장] **베벨 기어**

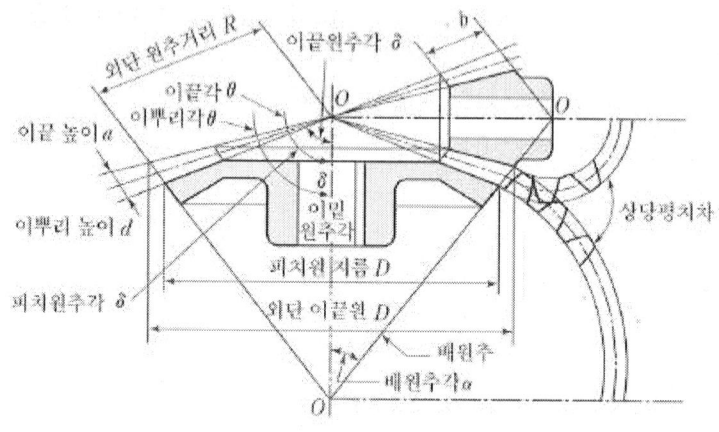

[베벨 기어 각부의 명칭]

$\theta = a + \beta$(축 사이각) (여기서, α, β : 피치 원추각(반원추각))

(1) 속비

$$i = \frac{N_B}{N_A} = \frac{w_B}{w_A} = \frac{D_A}{D_B} = \frac{Z_A}{Z_B} = \frac{\sin\alpha}{\sin\beta}$$

(2) 마이터 기어(Mighter Gear)

축 사이각이 90°이며, 속비가 1인 베벨 기어

(3) 원추 모선의 길이

$$L = \frac{D_A}{2\sin\alpha} = \frac{D_B}{2\sin\beta}$$

(4) 피치 원추각

$$\tan\alpha = \frac{\sin\theta}{\frac{D_B}{D_A} + \cos\theta}, \quad \tan\beta = \frac{\sin\theta}{\frac{D_A}{D_B} + \cos\theta}$$

제 12 장 기어 전동 장치

(5) 바깥지름

$$D_0 = D + 2a\cos\alpha = mZ + 2m\cos\alpha = m(Z + 2\cos\alpha)$$

(6) 회전력

$$F = f_v \cdot \sigma \cdot b \cdot p \cdot y \cdot \lambda$$

여기서, λ : 베벨 기어 계수 $\left(= \dfrac{L-b}{L} \right)$

(7) 상당 평치차 이수

$$Z_e = \dfrac{Z}{\cos\alpha}$$

[제 12-5 장] 헬리컬 기어

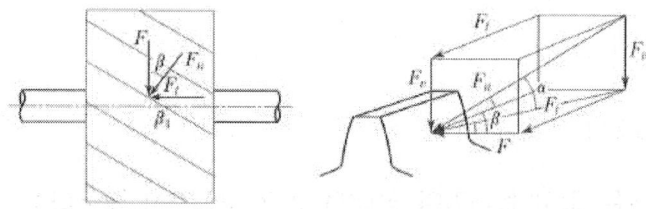

여기서, β : 비틀림 각

F_n(치면에 수직인 힘) : $\dfrac{F}{\cos\alpha\cos\beta}$

F_v(축에 수직인 힘) : $F_n \sin\alpha$

F_t(축에 수평한 힘, 베어링에 작용하는 스러스트 추력 하중 = $F\tan\beta$)

문제에서는 m을 치직각 m으로 주기 때문에 $\cos\beta$로 나누어 축 위주로 풀어야 한다.

(1) 축직각 모듈

$$m_s = \dfrac{m_n}{\cos\beta}$$

여기서, m_s : 축직각 모듈, m_n : 치직각 모듈

185

(2) 피치원 지름

$$D = m_s \cdot Z = \frac{m_n}{\cos\beta} \cdot Z$$

(3) 이끝원 지름 ($m_n = a$)

$$D_0 = m_s \cdot Z + 2m_n = \frac{m_n}{\cos\beta} \cdot Z + 2m_n = m_n\left(\frac{Z}{\cos\beta} + 2\right)$$

(4) 중심거리

$$A = \frac{D_1 + D_2}{2} = \frac{m_s(Z_1 + Z_2)}{2} = \frac{m_n(Z_1 + Z_2)}{2\cos\beta}$$

(5) 접선력

$$F = f_g \cdot f_v \cdot \sigma \cdot b \cdot P_n \cdot y$$
$$= f_g \cdot f_v \cdot \sigma \cdot b \cdot m_n \cdot y$$

P_n은 치직각 피치이다.

$H_{kW} = FV$ (F는 작은 값이 들어가야 상대편 이가 부러지지 않는다.)

P_n은 치직각 피치이다.

(6) 상당 평치차

상당 평치차 이수 $Z_e = \dfrac{Z}{\cos^3\beta}$

$D_e = m_n \cdot Z_e$ (m_n : 치직각 모듈)

[제 12-6 장] 웜과 웜 기어(감속을 크게 할 때)

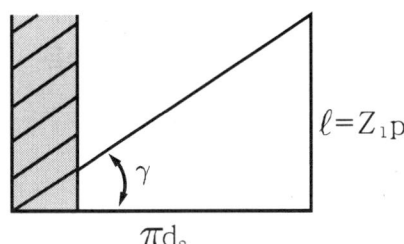

$P_n = P_a \cos\gamma$

P_n = 웜의 치직각 피치

P_a = 웜의 축방향 피치

비틀림각(β)

$\beta = 90° - \gamma$

$$\tan\lambda = \frac{np}{\pi d_2} = \frac{l}{\pi d_2}$$

$$\eta = \frac{nQP}{2\pi T} = \frac{P_0}{P} = \frac{\tan\lambda}{\tan(\lambda+\rho')} \left(\tan\rho' = \mu' = \frac{\mu}{\cos\alpha}\right)$$

일반적으로 30°가 많다.

$$i = \frac{N_2}{N_1} = \frac{Z_1}{Z_2} = \frac{\dfrac{l}{P}}{\dfrac{\pi D}{P}} = \frac{l}{\pi D}$$

여기서, N_1 : 웜, N_2 : 웜 휠

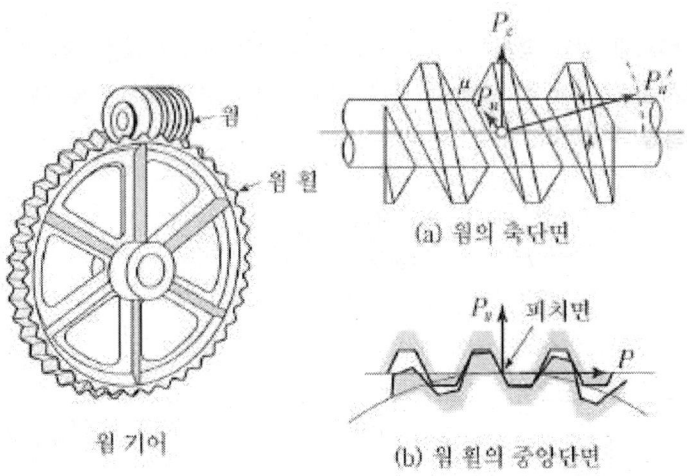

웜 기어

(a) 웜의 축단면

(b) 웜 휠의 중앙단면

예상문제

01

마력(H) 15[kW], 회전수(N) 320rpm을 전달하는 피치원 지름(D) 200mm의 평치차에서 치폭(b)은 모듈(m)의 10배, 치형 계수 $y=0.1$, 굽힘 응력(σ_b)은 120MPa일 때 다음 사항을 구하시오.

(1) 전달하중(P)을 구하시오.(kN)

해설

$$V = \frac{\pi DN}{60 \times 1000} = \frac{\pi \times 200 \times 320}{60 \times 1000} = 3.35$$

$$P = \frac{H}{V} = \frac{15}{3.35} = 4.48$$

[답] $P = 4.48$kN

(2) 모듈(m)은 얼마인가?(다음 치수 중 결정 2, 3.5, 4, 4.5, 5)

해설

$$f_v = \frac{3.05}{3.05 + V} = \frac{3.05}{3.05 + 3.35} = 0.48$$

$$m = \sqrt{\frac{P}{f_v \cdot \sigma 10 \pi y}} = \sqrt{\frac{4.48 \times 10^3}{0.48 \times 120 \times 10^6 \times 10 \times \pi \times 0.1}} \times 10^3 = 4.98 \fallingdotseq 5$$

[답] $m = 5$

02

감속 장치 내에 한 쌍의 평치차가 파손되었다. 측정의 결과는 축간거리(A) 250mm, 피니언 바깥지름(D_{k1})이 약 108mm, 이끝원의 피치가 약 13.5mm 일 때 피치원의 지름을 구하여라.

해설

$$Z = \frac{\pi \cdot D_{k1}}{P} = \frac{\pi \times 108}{13.5} = 25.13 \fallingdotseq 25$$

$$m = \frac{D_{k1}}{Z+2} = \frac{108}{25+2} = 4$$

$$D = mZ = 4 \times 25 = 100$$

[답] $D = 100$mm

03

스퍼 기어에서 축간거리($c=240$mm) 모듈 $m=4$, 압력각 20°, 속비(i)가 $\frac{1}{4}$일 때 다음을 구하여라.

(1) (Z_1)과 (Z_2) 구하여라.

해설
$$c = \frac{m(Z_1+Z_2)}{2} = \frac{5mZ_1}{2}$$
$$Z_1 = \frac{2C}{5m} = \frac{2\times 240}{5\times 8} = 24$$
$$Z_2 = 4Z_1 = 4\times 24 = 96$$

[답] $Z_1 = 24$, $Z_2 = 96$

(2) 이끝원 지름(D_{k1}, D_{k2}) 기초원지름(D_{g1}, D_{g2})을 구하여라.

해설
$$D_{k1} = m(Z_1+2) = 4\times(24+2) = 104$$
$$D_{k2} = m(Z_2+2) = 4\times(96+2) = 392$$
$$D_{g1} = mZ_1\cos\theta = 4\times 24\times \cos 20 = 90.21$$
$$D_{g2} = mZ_2\cos\theta = 4\times 96\times \cos 20 = 360.84$$

[답] $D_{k1} = 104, D_{k2} = 392, D_{g1} = 90.21, D_{g2} = 360.84$

(3) 언더컷 한계 이수(Z_{e1}, Z_{e2})를 구하여라.

해설
$$Z_{e1} = \frac{2}{\sin^2\alpha} = \frac{2}{\sin^2 20} = 17.1 \fallingdotseq 17$$
$$Z_{e2} = \frac{2}{\sin^2\alpha} = \frac{2}{\sin^2 20} = 17.1 \fallingdotseq 17$$

[답] $Z_{e1} = 17$, $Z_{e2} = 17$

04

다음과 같은 한 쌍의 외접핑치차에서 하중계수 $f_W = 0.8$이라 할 때 다음을 구하시오.
(단, 속도계수 $f_v = \dfrac{3.05}{3.05+V}$ 이다.)

	허용굽힘응력 σ_b(MPa)	회전수 N(rpm)	압력각 $\alpha(°)$	모듈 m	치폭 b(mm)	이수 Z	치형계수 $Y(=\pi y)$	허용접촉응력 K(kN/m^2)
피니언 (소치차)	260	900	20	3	40	24	0.359	0.79
기어 (대치차)	90	300	72	3			0.442	

해설

(1) 축간거리 : A[mm]

$$A = \dfrac{m(Z_1 + Z_2)}{2} = \dfrac{3(24+72)}{2} = 144$$

[답] $A = 144$mm

해설

(2) 피치 원주 속도 : V(m/s)

$$V = \dfrac{\pi m Z_1 N_1}{60 \times 1000} = \dfrac{\pi \times 3 \times 24 \times 900}{60 \times 1000} = 3.39$$

[답] $V = 3.39$

해설

(3) 기어(대치차)의 굽힘 강도에 의한 전달하중 : W(kN)

$$W = f_v f_w \sigma b m Y$$
$$= \dfrac{3.05}{3.05 + 3.39} \times 0.8 \times 90 \times 10^6 \times 40 \times 10^{-3} \times 3 \times 10^{-3} \times 0.442 \times 10^{-3}$$

[답] $W = 1.81$kN

해설

(4) 면압 강도에 의한 전달하중 : W_c(kN)

$$W_c = f_v \cdot kmb \dfrac{2Z_1 Z_2}{Z_1 + Z_2}$$
$$= \dfrac{3.05}{3.05 + 3.39} \times 0.79 \times 10^3 \times 3 \times 10^{-3} \times 40 \times 10^{-3} \times \dfrac{2 \times 24 \times 72}{24 + 72} \times 10^{-3}$$
$$= 1.62 \times 10^{-3}$$

[답] $W_c = 1.62 \times 10^{-3}$

(5) 최대 전달마력 : H(kW)

$$H = W_c \cdot V = 1.62 \times 10^{-3} \times 3.39 = 5.49 \times 10^{-3}$$

[답] $H = 5.49 \times 10^{-3}$

05

다음 그림과 같은 윈치 장치로서 무게(W) 20[kN]의 물체를 매분 45[m]의 속도로 올리고자 한다. 다음을 구하시오.
(단, 이 장치에 있어서 한 쌍의 기어의 효율(η)은 0.95, 기어의 이수의 비 $A:B:C:D = 1:3:2:9$이고 드럼의 직경 (D)은 466[mm]이다.)

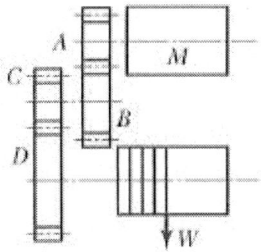

(1) 이 장치에 필요한 동력[kW]

$$H = \frac{W \cdot V}{(\eta)^2} = \frac{20 \times \frac{45}{60}}{(0.95)^2} = 16.62$$

[답] $H = 16.62$kW

(2) 모터의 회전수(N)[rpm]

$$N_D = \frac{60 \times 1000 \times 45}{\pi \times 466 \times 60} = 30.74 \text{rpm}$$

$$N = N_D \frac{Z_D Z_B}{Z_A Z_C} = 30.74 \times \frac{9 \times 3}{1 \times 2} = 414.99 \text{rpm}$$

[답] $N = 414.99$rpm

06

10kW, 600rpm 전동기로 프레스 기계를 운전한다. 기계는 4 : 1의 감속치차로 60rpm 으로 감속하고 있고 감속기의 피니언과 같은 축에 풀리가 부착되어 있다. 전동기 풀리의 지름을 120mm라고 하면 이 풀리의 지름은 몇 mm인가?

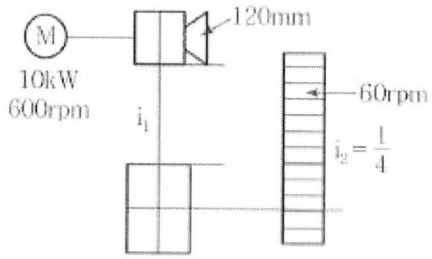

해설

$$i_1 = \frac{N_4}{N_1 i} = \frac{60 \times 4}{600} = 0.4$$

$$D_2 = \frac{D_1}{i_1} = \frac{120}{0.4} = 300$$

[답] 300

07

압력각 14.5°, 이수 14개와 49개, 피니언이 720rpm으로 30kW을 전달하며 모듈(m)은 5이다. 치폭(b)을 50mm라고 하고 소 치차의 치형 계수 $y = 0.086$이라고 하면 다음 사항을 구하시오.

(1) 회전력(F)을 구하시오.(kN)

해설

$$V = \frac{\pi m z_1 N_1}{60 \times 1000} = \frac{\pi \times 5 \times 14 \times 720}{60 \times 1000} = 2.64$$

$$F = \frac{H}{V} = \frac{30}{2.64} = 11.36$$

[답] $F = 11.36$kN

(2) 소치차에 작용하는 굽힘응력 (σ)은 몇 MPa인가?

$$f_v = \frac{3.05}{3.05+V} = \frac{3.05}{3.05+2.64} = 0.54$$

$$\sigma = \frac{F}{f_v \cdot \pi m b y} = \frac{11.36 \times 10^3}{0.54 \times \pi \times 5 \times 10^{-3} \times 50 \times 10^{-3} \times 0.086} \times 10^{-6} = 311.46$$

[답] $\sigma = 311.46 \text{MPa}$

(3) F_V(수직력), W(축 작용력)은 각각 얼마인가?[kN]

$$F_V = F \cdot \tan\alpha = 11.36 \times \tan 14.5 = 2.94$$

$$W = \frac{F}{\cos\alpha} = 11.73$$

[답] $F_V = 2.94 \text{kN}, \ W = 11.73 \text{kN}$

08

양축이 직교하는 베벨 치차가 있다. 치수를 (Z_1) 38개, (Z_2) 70개, 모듈(m)을 4.5라고 하면 양차의 피치 원추각 r_1, r_2은 얼마인가?

$$r_1 = \tan^{-1}\left(\frac{\sin a}{\frac{N_2}{N_1}+\cos a}\right) = \tan^{-1}\left(\frac{\sin 90}{\frac{70}{38}+\cos 90}\right) = 28.5$$

$$r_2 = 90 - r_1 = 90 - 28.5 = 61.5$$

[답] $r_1 = 28.5°, \ r_2 = 61.5°$

09

그림과 같은 축 사이각이 90°인 베벨기어 전동장치에서 작은 기어의 피치원 지름 D_1=100mm 속비 $i=\dfrac{1}{2}$ 일 때 다음을 구하시오.

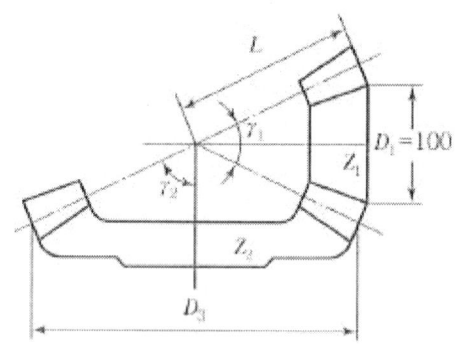

(1) 큰 기어의 피치원 지름 D_2는 몇 mm인가?

$$D_2 = 2D_1 = 2 \times 100 = 200\text{mm}$$

[답] $D_2 = 200\text{mm}$

(2) 피치원주 모선의 길이 L은 몇 mm인가?

$$r_1 = \tan^{-1}\left(\dfrac{D_1}{D_2}\right) = \tan^{-1}\left(\dfrac{100}{200}\right) = 26.57°$$

$$L = \dfrac{D}{2\sin r_1} = \dfrac{100}{2 \times \sin 26.57} = 111.78\text{mm}$$

[답] $L = 111.78\text{mm}$

(3) 원동기어 N_1가 1,000rpm으로 마력(H) 50kW 전달할 때 접선력 P는 몇 kN인가?

$$T = 974 \times \dfrac{H}{N_1} \times 9.8 = 974 \times \dfrac{50}{1000} \times 9.8 = 477.26$$

$$P = \dfrac{2T}{D_1} = \dfrac{2 \times 477.26}{100 \times 10^{-3}} = 9.55$$

[답] $P = 9.55\text{kN}$

10

(N) 300rpm으로 (H) 15kW을 전달하는 한 쌍의 헬리컬 기어에서 치직각 모듈 $m=5$, 이수 $Z_1=25$, $Z_2=100$, 중심거리가 330mm이다. 다음을 구하시오.

(1) 비틀림각 : $\beta(°)$

$$\beta = \cos^{-1}\left(\frac{m(Z_1+Z_2)}{2 \cdot A}\right) = \cos^{-1}\left(\frac{5\times(25+100)}{2\times 330}\right) = 18.74$$

[답] $\beta = 18.74°$

(2) 전달하중 : P[kN]

$$V = \frac{\pi m Z_1 N}{60\times 1000 \times \cos\beta} = \frac{\pi \times 5 \times 25 \times 300}{60 \times 1000 \times \cos 18.74} = 2.07\text{m/s}$$

$$P = \frac{H}{V} = \frac{15}{2.07} = 7.25\text{kN}$$

[답] $P = 7.25\text{kN}$

(3) 추력(스러스트) 하중 : P_t[kN]

$$P_t = P\tan\beta = 7.25 \times t\tan 18.74 = 2.46\text{kN}$$

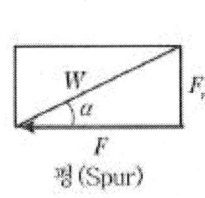
평(Spur)

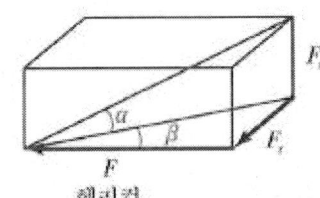
헬리컬

[답] $P_t = 2.46\text{kN}$

(4) 종동축에 작용하는 비틀림 모멘트 : T[kJ]

$$N_2 = N_1 \times \frac{Z_1}{Z_2} = 300 \times \frac{25}{100} = 75$$

$$T = 974 \times \frac{H}{N_2} \times 9.8 = 974 \times \frac{15}{75} \times 9.8 \times 10^{-3} = 1.91$$

[답] $T = 1.91\text{kJ}$

11

헬리컬기어에서 $Z_1 = 60$개, $Z_2 = 240$개, $n_1 = 1,250$[rpm], 치직각 모듈(m_n) 2.5이고, 비틀림각 25°이고, 압력각은 20°이다. 다음 물음에 답하시오.

(1) 축직각 모듈(m_s)은 얼마인가?

해설

$$m_s = \frac{m_n}{\cos\beta} = \frac{2.5}{\cos 25} = 2.76$$

[답] $m_s = 2.76$

(2) 치형계수(Y_1)는 얼마인가?

해설

Z	$Y_1 = \pi y$
60	0.433
75	0.443
100	0.454
150	0.464
300	0.474

$$Z_e = \frac{Z}{\cos^3\beta} = \frac{60}{\cos^3 25} = 80.59 = 81$$

$$Y_1 = 0.443 + \frac{(0.454 - 0.443) \times (81 - 75)}{(100 - 75)} = 0.446$$

[답] $Y_1 = 0.446$

(3) 이수 $Z_2 = 240$의 회전수 n_2[rpm]는 얼마인가?

해설

$$n_2 = n_1 \frac{Z_1}{Z_2} = 1250 \times \frac{60}{240} = 312.5 \text{rpm}$$

[답] 312.5

12

그림과 같은 유성기어 장치에서 이수 $Z_1=80$, $Z_2=40$, $Z_3=20$일 때, 암 4가 왼쪽으로 1회전하면 기어 2의 회전 방향과 회전수를 구하시오.

요소 회전수	1	3	2	4
전체고정	-1	-1	-1	-1
암고정	+1	$+1\dfrac{Z_1}{Z_3}$	$-\dfrac{Z_1}{Z_3}\dfrac{Z_3}{Z_2}$	0
실제	0	$-1\dfrac{Z_1}{Z_3}$	N_2	-1

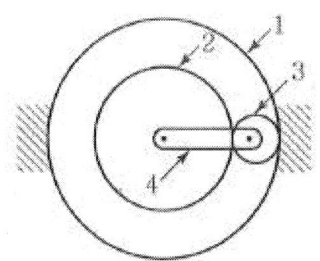

해설

$$N_2=-1-\frac{Z_1}{Z_3}=-1-\frac{80}{20}\times\frac{20}{40}=-3$$

[답] 왼쪽 3회전

13

다음 그림의 기어열에 있어서, 전동기 M이 1750mm으로 회전할 때 컨베이어 벨트의 속도 m/min는 얼마인가?(단, 숫자는 기어의 치수를 표시한 것이다.

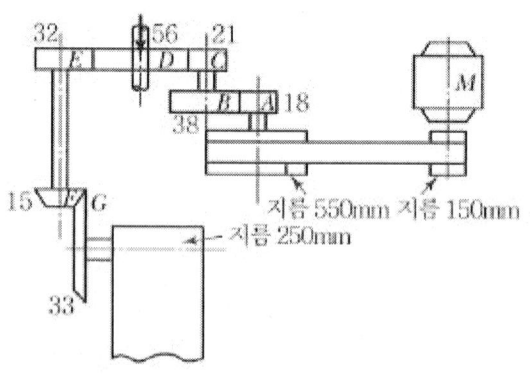

해 설

$$N_A = 1750 \times \frac{150}{550} = 477.27 \text{rpm}$$

$$N_D = N_A \frac{18 \times 21}{56 \times 38} = 477.27 \times \frac{18 \times 21}{56 \times 38} = 84.78 \text{rpm}$$

$$N_G = N_D \frac{56 \times 15}{33 \times 32} = 84.78 \times \frac{56 \times 15}{33 \times 32} = 67.44$$

$$V = \frac{\pi \times 250 \times 67.44}{60 \times 1000} \times 60 = 52.97 \text{m/min}$$

[답] 52.97m/min

14

그림과 같은 3개의 종동축 N_1, N_2, N_3가 +2400rpm의 원동축 A에 의하여 운전되고 있다. 각 종동축의 회전수를 구하여라.
(단, 기어의 이수 $A=20$, $B=60$, $C=22$, $E=36$, $G=42$, $H=26$, $J=52$ 이다.)

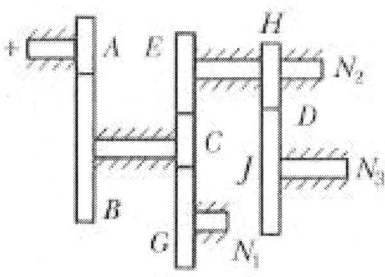

해 설

$$N_1 = N_A \frac{20 \times 22}{42 \times 60} = 2400 \times \frac{20 \times 22}{42 \times 60} = 419.05 \text{rpm}$$

$$N_2 = N_A \frac{20 \times 22}{36 \times 60} = 2400 \times \frac{20 \times 22}{36 \times 60} = 488.89 \text{rpm}$$

$$N_3 = N_2 \frac{26}{52} = 488.89 \times \frac{26}{52} = -244.45 \text{rpm}$$

[답] $N_1 = 419.05$rpm, $N_2 = 488.89$rpm, $N_3 = -244.45$rpm

15

2줄 나사로 된 웜의 리드 $l=55\text{mm}$이고, 이수가 30개인 웜 기어를 지름피치 $S=3$인 호브를 깎고자 할 때 다음을 구하여라.

(1) 웜의 리드각 : β

해설

$$P = \frac{l}{2} = \frac{55}{2} = 27.5 \text{ [P=웜의 축방향피치]=(웜휠의 축직각피치)}$$

$$P_n = \frac{25.4}{S}\pi = \frac{25.4}{3}\pi = 26.6 \text{ [}P_n\text{=치직각 피치]}$$

$$\beta = \cos^{-1}\left(\frac{P_n}{P}\right) = \cos^{-1}\left(\frac{26.6}{27.5}\right) = 14.7°$$

[답] $\beta = 14.7°$

(2) 웜과 웜 기어의 피치원 지름 : D_W, $D_g(\text{mm})$

해설

$$D_W = \frac{l}{\pi \tan\beta} = \frac{55}{\pi \times \tan 14.7} = 66.73\text{mm}$$

$$D_g = \frac{30P}{\pi} = \frac{30 \times 27.5}{\pi} = 262.61\text{mm}$$

[답] $D_W = 66.73\text{mm}$, $D_g = 262.61\text{mm}$

(3) 중심거리 : $A(\text{mm})$

해설

$$A = \frac{D_W + D_g}{2} = \frac{66.73 + 262.61}{2} = 164.61\text{mm}$$

[답] $A : 164.61\text{mm}$

(4) 마찰계수 $\mu = 0.03$이라 할 때 전동효율 : $\eta(\%)$

해설

$$\rho = \tan^{-1}\mu = \tan^{-1}0.03 = 1.72$$

$$\eta = \frac{\tan\beta}{\tan(\beta+\rho)} = \frac{\tan 14.7}{\tan(14.7+1.72)} \times 100 = 89.02\%$$

[답] 답 $\eta = 89.02\%$

16

그림과 같이 모터 축에 직결된 표준 평기어 전동장치가 있다. 피니언의 이수 $Z_1 = 18$, 모듈 $m = 3$, 압력각 $a = 20°$ 일 때 다음을 구하시오.

(단, 회전비 $i = \dfrac{1}{3}$ 이다.)

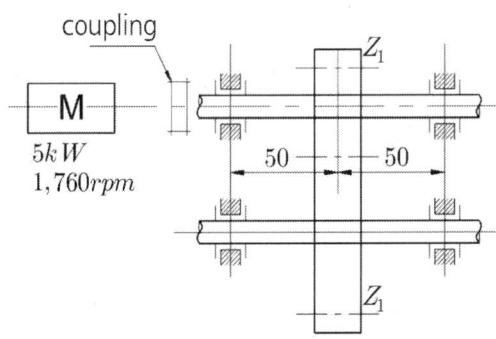

(1) 축간거리 : L[mm]

해설

$Z_2 = 3Z_1 = 3 \times 18 = 54$

$L = \dfrac{m(Z_1 + Z_2)}{2} = \dfrac{3 \times (18 + 54)}{2} = 108\text{mm}$

[답] $L = 108\text{mm}$

(2) 축 II에 작용하는 비틀림 모멘트 : T_2[kJ]

해설

$N_2 = \dfrac{1760}{3} = 586.67\text{rpm}$

$T_2 = 974 \times \dfrac{H}{N_2} \times 9.8 = 974 \times \dfrac{5}{586.67} \times 9.8 \times 10^{-3} = 0.08\text{kJ}$

[답] $T_2 = 0.08\text{kJ}$

(3) 기어에 작용하는 접선력 : P[KN]

해설

$P = \dfrac{2T_2}{mZ_2} = \dfrac{2 \times 0.08}{3 \times 54} \times 10^3 = 0.99\text{kN}$

[답] $P = 0.99\text{kN}$

(4) 기어의 폭(b)[mm]을 다음의 표에서 선정하시오.
(단, 피니언과 기어 재질은 같고 허용 굽힘응력(σ_b) 70mPa, 기어의 치형계수 $Y_2 = \pi y_2 = 0.333$, 속도계수 $f_V = 03.8$, 하중계수 $f_W = 0.8$)

| b[mm] | 33 | 36 | 40 | 45 | 50 |

[해설]

$$b = \frac{P}{f_W f_V \sigma_b m Y_2} = \frac{0.99}{0.8 \times 0.38 \times 70 \times 3 \times 0.333} \times 10^3$$

$$= 46.57 = 50\text{mm}$$

[답] $b = 50\text{mm}$

17

그림과 같은 유성기어열에서 기어 A가 고정되고, 암(arm) D를 시계방향으로 3회전 시키면 기어 C는 어느 방향으로 몇 회전하는가? (단, 그림의 숫자는 이수를 나타낸다.)

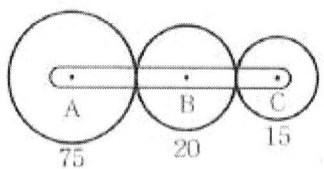

요소 회전수	A	B	C	D
전체고정	+3	+3	+3	+3
암고정	-3	$+3\frac{75}{20}$	$-3\frac{75}{20}\frac{20}{15}$	0
실제	0	N_B	N_C	+3

[해설]

$$N_c = 3 - 3\frac{75}{15} = -12$$

[답] 반시계방향 12회전

18

다음 그림은 2단 감속(감속비 $= i_1 \times i_2 = \dfrac{1}{3} \times \dfrac{1}{2} = \dfrac{1}{6}$)장치이다. 물음에 답하시오.

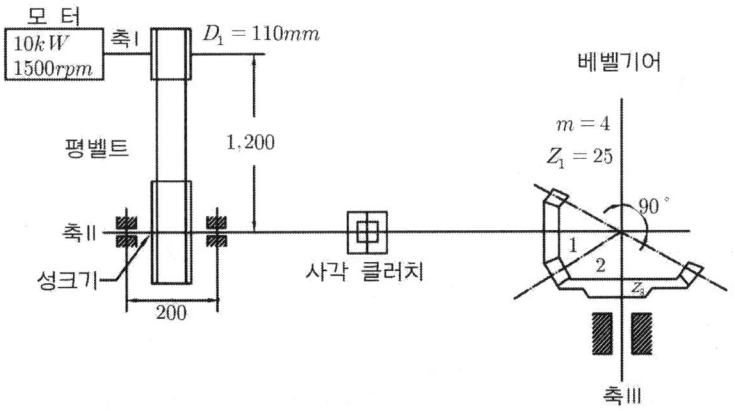

(1) 원동 풀리의 벨트 접촉각(θ) : rad

해설

$D_2 = 3D_1 = 3 \times 110 = 330 \text{mm}$

$\theta = \left(180 - 2\sin^{-1}\left(\dfrac{D_2 - D_1}{2 \times 1200}\right)\right) \times \dfrac{\pi}{180} = \left(180 - 2\sin^{-1}\left(\dfrac{330 - 110}{21200}\right)\right) \times \dfrac{\pi}{180}$

$= 2.96 \text{rad}$

[답] $\theta = 2.96 \text{rad}$

(2) 평벨트의 폭 : b
(단, 벨트의 두께는 5mm, 벨트의 허용인장응력(σ)은 2.5mPa이고, 긴장 측 장력 $T_t = 1.2 \text{kn}$이며, 이음효율은 (η) 0.95로 가정한다.)

해설

$b = \dfrac{T_t}{\sigma t \eta} = \dfrac{1.2}{2.5 \times 0.005 \times 0.95} = 101.05 \text{mm}$

[답] $b = 101.05 \text{mm}$

(3) 베벨기어의 반원추각(피치원추각) : δ_1, δ_2

해설

$Z_2 = 2Z_1 = 2 \times 250 = 50$

$\delta_1 = \tan^{-1}\dfrac{Z_1}{Z_2} = \tan^{-1}\dfrac{25}{50} = 26.57°$

$\delta_2 = 90 - \delta_1 = 90 - 26.57 = 63.43°$

[답] $\delta_1 = 26.57°$, $\delta_2 = 63.43°$

(4) 원동 베벨기어의 바깥지름은 몇 mm인가?
(단, 이 끝 높이는 모듈과 같다.)

$r = \tan^{-1}\dfrac{Z_2}{Z_3} = \tan^{-1}\dfrac{2.5}{25\times 2} = 26.57°$

$D_k = m(Z + 2\cos r) = 4(25 + 2\cos 26.57) = 107.16$

[답] 107.16

O ENGINEER CONSTRUCTION EQUIPMENT

제 13 장

브레이크

13-1 블록 브레이크
13-2 블록 브레이크의 용량
13-3 내확 브레이크(Expansion Brake)
13-4 밴드 브레이크
13-5 브레이크 용량

[제 13-1 장] **블록 브레이크**

■ 블록 브레이크의 풀이 순서

① 브레이크 드럼의 회전방향 파악
② 마찰력($f=\mu W$)의 방향은 반력으로 표시(드럼의 회전방향)
③ 지점에 관한 모멘트의 평형조건 고찰($\Sigma M_i = 0$)
④ $\Sigma M_i = 0$에서 제동력(f)을 구한다.
⑤ 제동토크와 제동 H_{kW}를 구한다.

$$T_b = f \times \frac{D}{2} = 974 \frac{H_{kW}}{N} \times 9.8 = P \times \frac{D}{2}(\text{N}\cdot\text{m})$$

$$H_{kW} = fV$$

(1) 우회전일 때

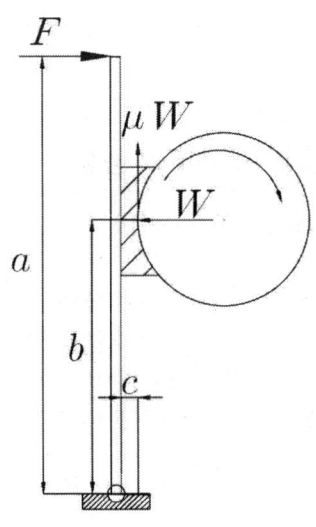

[내작용 블록 브레이크]

① 드럼 회전 : 우회전
② f의 방향 : 우회전
③ $\Sigma M_1 = 0$

$Fa - Wb - \mu WC = 0$ ········①

$F = \dfrac{W(b+\mu C)}{a}$ ··············②

④ 제동력(위의 식 ①에다 μ를 곱한다.)

$$f = \frac{\mu a}{b+\mu c}F[\text{kg}]$$

(2) 좌회전일 때

$Fa = Wb - \mu WC$에서, $F = \dfrac{W}{a}(b-\mu C)$

(3) 지점이 변할 때는 $\Sigma M = 0$으로 하여 식을 구함

[제 13-2 장] 블록 브레이크의 용량

(1) 브레이크 압력

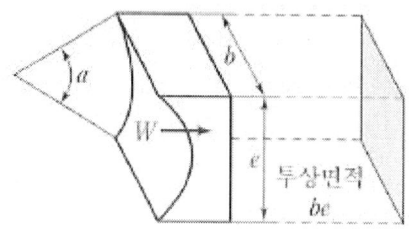

블록과 브레이크 드럼 사이의 제동압력 q[Pa]는,

$$q = \frac{W}{A} = \frac{W}{be}$$

여기서, W : 블록을 브레이크 드럼에 밀어 붙이는 힘(N)
 b : 브레이크 블록의 폭(m)
 e : 브레이크 블록의 길이(m)
 D : 브레이크 드럼의 지름(m)
 A : 브레이크 블록의 마찰면적(m^2)

(2) 브레이크 용량

$$H_{kW} = fv = \mu W v$$

여기서, f : 브레이크의 제동력
 v : 브레이크 드럼의 원주 속도(m/sec)
 H : 제동마력(W)

따라서, 마찰면의 단위면적마다의 일량은,

$$\frac{75H}{A} = \frac{\mu W v}{A} = \mu q v \, [\text{Pa} \cdot \text{m/s}]$$

이 $\mu q v$는 마찰계수, 브레이크 압력, 속도의 상승적(相乘積)으로 브레이크 용량이라 한다. 즉, 브레이크 블록의 단위 접촉면적 $1m^2$마다 1초간에 흡수하고, 또 열로써 방출되는 에너지이다.

[제 13-3 장] 내확 브레이크(Expansion Brake)

(1) 내확 브레이크의 힘의 계산

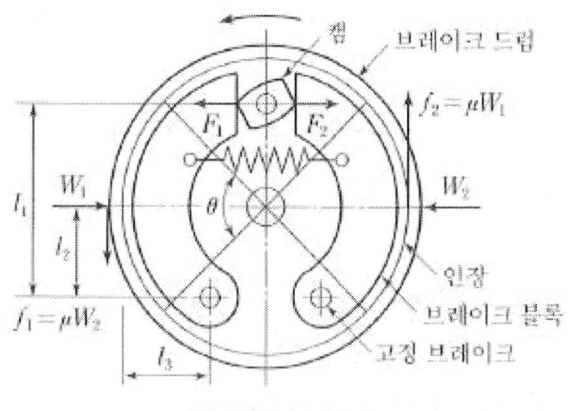

[내확 브레이크]

여기서, F_1, F_2 : 브레이크 블록을 밀어서 여는 힘(N)

f_1, f_2 : 브레이크 제동력(kg)

W_1, W_2 : 접촉면에서 작용하는 힘

μ : 접촉면 사이의 마찰계수

l_1, l_2, l_3 : 도시된 부분의 길이

① 좌회전인 경우

$F_1 l_1 + \mu W_1 l_3 = W_1 l_3$

$\therefore F_1 = \dfrac{W_1}{l_1(l_2 - \mu l_3)}$

$F_2 l_1 = W_2(l_2 + \mu l_3)$

$\therefore F_2 = \dfrac{W_2}{l_1}(l_2 + \mu l_3)$

② 우회전의 경우

$$\therefore F_1 = \frac{W_1}{l_1}(l_2 + \mu l_3)$$

$$F_2 = \frac{W_2}{l_1}(l_2 - \mu l_3)$$

유압 브레이크의 경우 F_1과 F_2는 같다.

$$F_1 = F_2 = P\frac{\pi d^2}{4}$$

여기서, d : 유압 실린더의 안지름

(2) 내확 브레이크의 제동토크

$$T = f\frac{D}{2} = (f_1 + f_2) = (\mu W_1 + \mu W_2)\frac{D}{2} = \frac{\mu D}{2}(W_1 + W_2)$$

① 우회전의 경우

$$W_1 = \frac{F_1 l_1}{l_2 - \mu l_3}$$

$$W_2 = \frac{F_2 l_1}{l_2 + \mu l_3} \text{이므로}$$

$$T = \frac{\mu D}{2}\left(\frac{F_1 l_1}{l_2 - \mu l_3} + \frac{F_2 l_1}{l_2 + \mu l_3}\right)$$

② 좌회전의 경우

$$T = \frac{\mu D}{2}\left(\frac{F_1 l_1}{l_2 + \mu l_3} + \frac{F_2 l_1}{l_2 - \mu l_3}\right)$$

[제 13-4 장] 밴드 브레이크

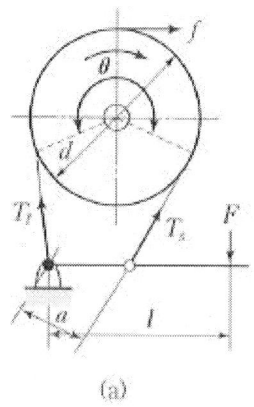 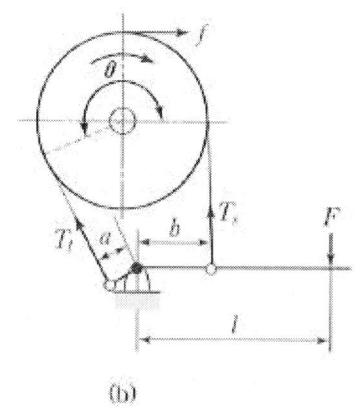 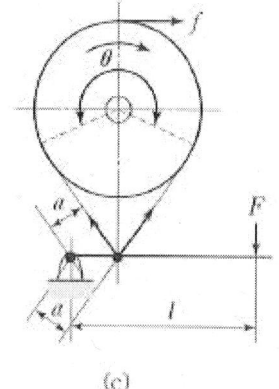

(a) (b) (c)

[밴드 브레이크의 제동력]

(1) 밴드 브레이크의 조작력

위의 그림에서,

여기서, T_t : 긴장 측의 장력(N) T_s : 이완 측의 장력(N)
θ : 밴드와 브레이크 드럼 사이의 접촉각(rad) μ : 마찰계수
f : 브레이크 제동력 F : 레버에 가하는 힘

① 단동식

㉠ 우회전의 경우

$Fl = T_s a$

$\therefore F = \dfrac{T_s a}{l} = f\dfrac{a}{l} \cdot \dfrac{1}{e^{\mu\theta}-1}$

㉡ 좌회전의 경우

$Fl = T_t a$

$F = \dfrac{T_t a}{l} = f\dfrac{a}{l} \cdot \dfrac{e^{\mu\theta}}{e^{\mu\theta}-1}$

211

② 차동식

㉠ 우회전의 경우

$$Fl = T_s b - T_t a$$

$$\therefore F = \frac{f}{l} \cdot \frac{b - ae^{\mu\theta}}{e^{\mu\theta} - 1}$$

㉡ 좌회전의 경우

$$Fl = T_t b - T_s a$$

$$\therefore F = \frac{f}{l} \cdot \frac{be^{\mu\theta} - a}{e^{\mu\theta} - 1}$$

③ 합동식

$$Fl = T_t a + T_s a$$

$$\therefore F = \frac{a}{l}(T_t - T_s) = \frac{a}{l} f \frac{e^{\mu\theta} + 1}{e^{\mu\theta} - 1}$$

차동식 밴드 브레이크의 경우 $F \geqq 0$으로 되면 자동적으로 정지하게 되는데, 이런 작용을 자결작용(自結作用, Self-Locking Action)이라 한다.

(2) 밴드 브레이크의 동력

$H_{kW} = \mu q A V$ 라 하면,

여기서, H: 소요 동력 마력수(kW)

q: 밴드와 브레이크 드럼 사이의 압력(Pa)

A: 접촉면적

V: 브레이크의 원주 속도(m/sec)

제 13 장 브레이크

[제 13-5 장] 브레이크 용량

(1) 제동마력

$$H_{kW} = fV = \mu WV$$

(2) 단위면적당 제동마력

$$\frac{H_{kW}}{A} = \frac{fV}{A} = \mu WV = \mu qV$$

(3) 접촉면적

① 블록의 경우

$A = b \cdot e$

$a = 50 \sim 70°$

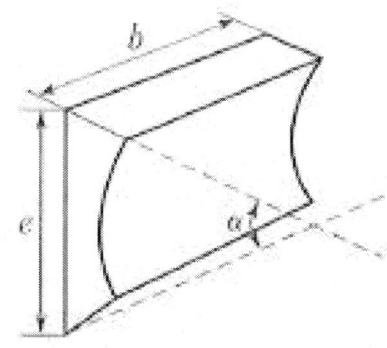

② 밴드의 경우

$A = \dfrac{D}{2} \times \theta_r \times b$

$\left(\theta_r = \dfrac{\pi}{180}\theta\right)$[rad]

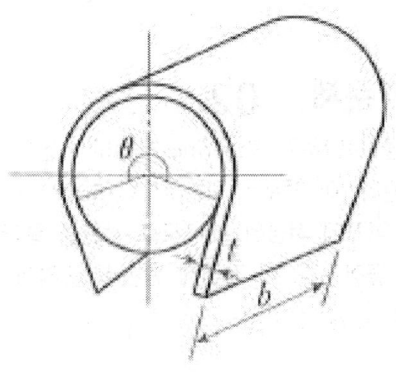

[제 13-6 장] 플라이 휠

예제문제 01

마력(H) 14kW 회전수(N) 500rpm의 4 사이클 단기통 디젤기관의 각속도 변환계수(δ) $\frac{1}{100}$ 이하로 유지시키며 엔진에너지 변환계수(q)는 1.3으로 할 때 다음사항을 구하시오.

(1) 1사이클 중 외부에 배출한 에너지($\triangle E$)를 구하시오?(N・m)

해 설

$$\triangle E = 4\pi T_m = 4\pi \times \frac{1000\text{kW}}{w} = 4\pi \times \frac{60 \times 1000\text{kW}}{2\pi N}$$

$$= 4\pi \times \frac{60 \times 1000 \times 15}{2\pi \times 500} = 3600\text{N}\cdot\text{m}$$

$$\triangle E = q \cdot E = 1.3 \times 3600 = 4680\text{N}\cdot\text{m}$$

(2) 필요한 관성 모멘트(I)는 얼마인가?(N・m・sec²)

해 설

$$\triangle E = Iw^2\delta$$

$$I = \frac{\triangle E}{w^2\delta} = \frac{4680}{\left(\frac{2\pi N}{60}\right)^2 \times \frac{1}{100}} = \frac{4680}{\left(\frac{2\Pi \times 500}{60}\right)^2 \times \frac{1}{100}} = 170.70\text{Nm/s}^2$$

예제문제 02

강판을 전단하는 Shearing Machine(전단기)이 한번 일을 할 때 50kJ의 일이 요구된다. 이 기계는 회전수(N) 500rpm으로 회전하는 플라이 휠(Fly Wheel)을 달아 여기에 저장된 에너지로 강판을 절단하는데 작업 후 플라이 휠의 회전 속도는 10% 줄어든다. 이 강철제 원판형 플라이 휠의 관성 모멘트(I)는 얼마인가? (N・m・sec²)?

해 설

$$\triangle E = \frac{1}{2}(w_1^2 - w_2^2)$$

$$w_1 = \frac{2\pi N}{10} = \frac{2\pi \times 500}{60} = 52.36\text{rad/s}$$

$$w_2 = 0.9w_1 = 0.9 \times 52.36 = 47.124$$

$$I = \frac{2E}{w_1^2 - w_2^2} = \frac{2 \times 50 \times 10^3}{52.36^2 - 47.124^2} = 191.98\text{Nm/sec}^2$$

예상문제

01

축마력 4[kW], 회전수250[rpm], 브레이크 드럼의 직경 450[mm]인 그림과 같은 브레이크를 사용하여 브레이크 레버 끝에 $F=300\,kN$의 힘을 작용시켜 제동하려고 할 때 브레이크 레버의 길이 $a[mm]$를 구하시오.
(단, $\mu=0.3$, $b=200[mm]$, $c=160[mm]$이다.)

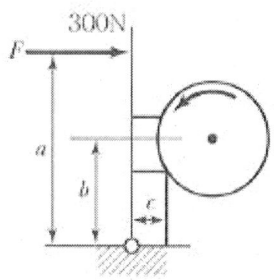

해설

$$W=\frac{2\times 974\times \frac{H}{N}\times 9.8}{D\cdot \mu}=\frac{2\times 974\times \frac{4}{250}\times 9.8}{450\times 10^{-3}\times 0.3}=2262.57$$

$$a=\frac{W(b-\mu c)}{F}=\frac{2262.57\times(0.2-0.3\times 0.16)}{300}\times 10^3=1146.37$$

[답] $a=1146.37$

02

드럼 축에 100J의 토크가 작용하는 그림과 같은 블록 브레이크가 있다. 마찰계수 $\mu=0.2$라고 하면 레버 끝에 필요한 힘 F는 몇 N이나 되겠는가? (단, 우회전한다.)

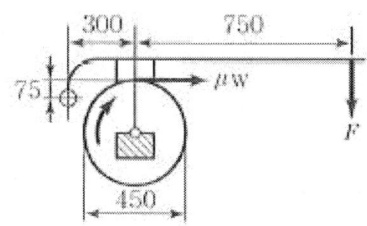

해설

$$W=\frac{2\times T}{\mu D}=\frac{2\times 100}{0.2\times 450\times 10^{-3}}=2222.22$$

$$F=\frac{W(300-75\mu)}{1050}=\frac{2222.22\times(300-75\times 0.2)}{1050}=603.17$$

[답] $F=603.17$

03

다음 블록 브레이크에서 $F=200\text{N}$이고 드럼의 회전속도(V)가 30m/sec이며, $a=600\text{mm}$, $b=200\text{mm}$, $c=50\text{mm}$, $\mu=0.25$일 때 답하시오.

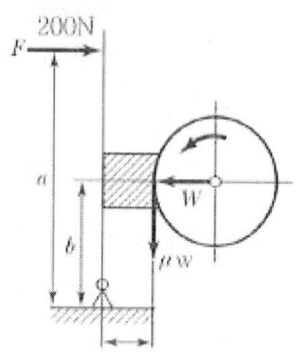

(1) 블록 브레이크의 제동마력[kW]은?

해설
$$W=\frac{Fa}{b-\mu c}=\frac{200\times 600}{200-0.25\times 50}=640\text{N}$$
$$H=\mu Wv=0.25\times 640\times 30\times 10^{-3}=4.8$$

[답] $H=4.8\text{kW}$

(2) 블록 브레이크 용량이 5MPa · m/s일 때 마찰면적(A)는 얼마인가?[mm²]

해설
$$A=\frac{\mu WV}{5\times 10^3}=\frac{4.8}{5\times 10^3}\times 10^6=960$$

[답] $A=960\text{mm}^2$

04

그림과 같은 단블록 브레이크에서 $a=800$mm, $b=250$mm, $D=450$mm, 조작력[F]=150N, 드럼의 나비[b]=40mm, 브레이크 블록의 허용압력(q) 0.2mPa, 브레이크 용량(μqv) 1.1$mPa \cdot$ m/s, 마찰계수 $\mu=0.3$일 경우, 다음을 구하시오.

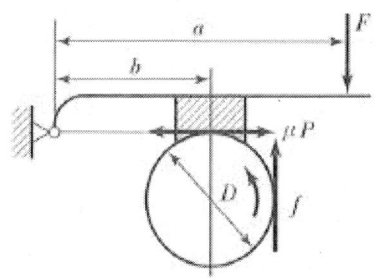

(1) 브레이크 토크(T)는 몇 kJ인가?

해설
$$P = \frac{Fa}{b} = \frac{150 \times 800}{250} = 480$$

$$T = \mu P \frac{D}{2} = 0.3 \times 480 \times \frac{450 \times 10^{-3}}{2} \times 10^{-3} = 0.03$$

[답] $T = 0.03$kJ

(2) 블록의 길이(l)는 몇 [mm]인가?

해설
$$l = \frac{P}{qb} = \frac{480}{0.2 \times 10^6 \times 40 \times 10^{-3}} \times 10^3 = 60$$

[답] $l = 60$mm

(3) 회전수(n)는 몇 (rpm)인가?

해설
$$V = \frac{\mu q V}{\mu q} = \frac{1.1}{0.3 \times 0.2} = 18.33 \text{m/s}$$

$$n = \frac{60 \times 1000 V}{\pi D} = \frac{60 \times 1000 \times 18.33}{\pi \times 450} = 777.95$$

[답] $n = 777.95$rpm

05

그림과 같은 단동블록 브레이크가 중량물의 자유낙하를 방지하고 있다.

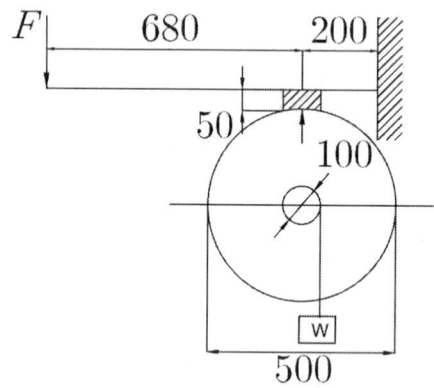

(1) 브레이크의 제동력(f)은?(kn)단, 드럼면은 주철, 브레이크 블록은 목재로서 마찰계수(μ)는 0.25, 작용력(F) 200N로 한다.)

해설

$$F(680+200) = P200 - \mu P50$$

$$P = \frac{F(680+200)}{200-50\mu} = \frac{200 \times (680+200)}{200-50\times 0.25} = 938.67\text{N}$$

$$f = \mu P = 0.25 \times 938.67 \times 10^{-3} = 0.23\text{kN}$$

[답] $f = 0.23\text{kN}$

(2) 브레이크 제동 토크(T)는?(kJ)

해설

$$T = f\frac{500 \times 10^{-3}}{2} = 0.23 \times \frac{500 \times 10^{-3}}{2} = 0.06\text{kJ}$$

[답] $T = 0.06\text{kJ}$

(3) 중량물의 무게(W)는?(KN)

해설

$$W = \frac{2T}{100 \times 10^{-3}} = \frac{2 \times 0.06}{100 \times 10^{-3}} = 1.2\text{kN}$$

[답] $W = 1.2\text{kN}$

06

드럼의 지름(D) 300mm의 밴드 브레이크에 (T) 10KN・m의 브레이크 토크를 얻는다. 밴드의 두께 $t = 2$mm로 하면 폭은 몇 mm나 되는가?
(단, $\mu = 0.35$, $a = 250°$, $\sigma_a = 80$MPa이다.)

해설

$$T_t = \frac{2T}{D} \times \frac{e^{\mu a}}{e^{\mu a}-1} = \frac{2 \times 10 \times 10^3}{0.3} \times \frac{e^{0.35 \times 250 \times \frac{\pi}{180}}}{e^{0.35 \times 250 \times \frac{\pi}{180}}-1} = 85159.02\text{N}$$

$$\frac{T_t}{\sigma_a t} = \frac{85159.02}{10 \times 10^6 \times 0.002} \times 10^3 = 532.24\text{mm}$$

[답] 532.24mm

07

다음 그림과 같은 밴드 브레이크의 제동 토크(T_b)(N・m)를 구하시오.
(단, 마찰계수 $\mu = 0.2$, 작용력(F)은 200N로 한다.

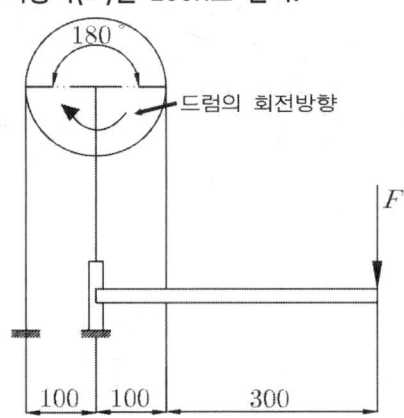

해설

$$e^{\mu\pi} = e^{0.2\pi} = 1.87$$

$$f = \frac{F(300+100)(e^{\mu\pi}-1)}{100} = \frac{200 \times (300+100) \times (1.87-1)}{100}$$
$$= 696\text{N}$$

$$T_b = f\frac{(0.1+0.1)}{2} = 696 \times \frac{(0.1+0.1)}{2} = 69.6\text{Nm}$$

[답] $T_b = 69.6$Nm

08

그림과 같은 내확 브레이크에서 실린더에 보내게 되는 유압(p)이 4MPa, 실린더 직경(d)이 8cm일 때 브레이크 드럼의 직경의 회전수(N) 500rpm이라 할 때, 몇 마력(H) kW을 제동할 수 있는가?(단, 마찰계수 $\mu = 0.3$이다.)

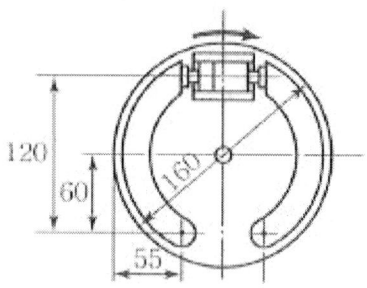

해 설

$$F = P\frac{\pi d^2}{4} = 4 \times 10^3 \times \frac{\pi \times 0.08^2}{4} = 20.11 \text{kN}$$

$$W_1 = \frac{F \times 120 \times 10^{-3}}{60 \times 10^{-3} + \mu 55 \times 10^{-3}} = \frac{20.11 \times 120 \times 10^{-3}}{60 \times 10^{-3} + 0.3 \times 55 \times 10^{-3}} = 31.55 \text{kN}$$

$$W_2 = \frac{F \times 120 \times 10^{-3}}{60 \times 10^{-3} - \mu 55 \times 10^{-3}} = \frac{20.11 \times 120 \times 10^{-3}}{60 \times 10^{-3} - 0.3 \times 55 \times 10^{-3}} = 55.48 \text{kN}$$

$$V = \frac{\pi DN}{60 \times 1000} = \frac{\pi \times 160 \times 500}{60 \times 1000} = 4.19 \text{m/s}$$

$$H = \mu(W_1 + W_2) = V = 0.3(31.55 + 55.48) \times 4.19 = 109.4 \text{kW}$$

[답] $H = 109.4 \text{kW}$

09

그림과 같이 좌회전하는 단동식 밴드 브레이크에서 $F = 200\text{N}$이면 전동축이 250rpm일 때 몇 마력(kW)을 제동할 수 있는가? (단, $\mu = 0.35$, $\theta = 250°$ 이다.)

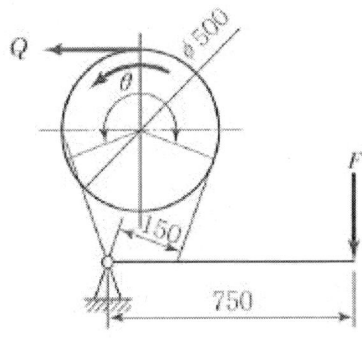

해 설

$$e^{\mu\theta} = e^{0.35 \times 250 \times \frac{\pi}{180}} = 4.61$$

$$F \times 750 = Q \frac{150 e^{\mu\theta}}{e^{\mu\theta} - 1}$$

$$Q = \frac{750F}{150} \times \frac{e^{\mu\theta} - 1}{e^{\mu\theta}} = \frac{750 \times 200}{150} \times \frac{4.61 - 1}{4.64} = 783.08\text{N}$$

$$V = \frac{\pi \times 500 \times 250}{60 \times 1000} = 6.54 \text{m/s}$$

$$H = QV = 783.08 \times 6.54 \times 10^{-3} = 5.12 \text{kW}$$

[답] 5.12kW

10

그림과 같은 밴드 브레이크에서 하중 W의 낙하를 정지하기 위하여 레버 끝에 (F) 300N의 힘을 가할 때, 다음을 구하시오.

(단, 마찰계수 $\mu = 0.35$, $e^{\mu\theta} = 4.4$, 밴드의 두께(t)는 2mm, 밴드허용 인장응력 $\sigma = 80\text{MPa}$이다.)

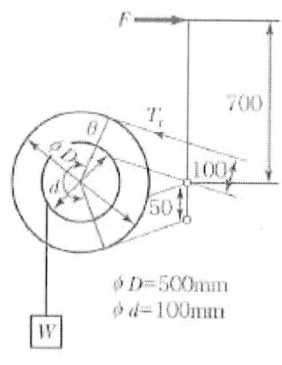

(1) 제동력: f[KN]

$$F \times 700 = f \frac{100e^{\mu\theta} - 50}{e^{\mu\theta} - 1}$$

$$f = \frac{700F(e^{\mu\theta} - 1)}{100e^{\mu\theta} - 50} = \frac{700 \times 300 \times (4.4 - 1)}{100 \times 4.4 - 50} \times 10^{-3} = 1.83\text{kN}$$

[답] $f = 1.83\text{kN}$

(2) 낙하가 정지되는 최대하중 : W[KN]

$$W = f\frac{D}{d} = 1.83 \times \frac{500}{100} = 9.15\text{kN}$$

[답] $W = 9.15\text{kN}$

(3) 밴드의 폭 : b[mm]

$$b = \frac{f}{\sigma_t t} \times \frac{e^{\mu\theta}}{e^{\mu\theta} - 1} = \frac{1.83}{80 \times 2} \times \frac{4.4}{4.4 - 1} \times 10^3 = 14.8\text{mm}$$

[답] $b = 14.8\text{mm}$

(4) 브레이크 용량 : $\mu q \cdot V$[MPa · m/s]

(단, 접촉각 $\theta = 240°$, 작업동력 $H = 5$[kW]이다.)

$$A = b\pi \times \frac{240}{360} = 14.8 \times \pi \times 500 \times \frac{240}{360} = 15498.52\text{mm}^2$$

$$\mu qV = \frac{H}{A} = \frac{5 \times 10^3}{15498.52} = 0.32\text{MPa} \cdot \text{m/s}$$

[답] $\mu qV = 0.32\text{MPa} \cdot \text{m/s}$

11

밴드 브레이크 드럼 회전수 10rpm, 전달동력 5[kW], 레버에 작용하는 힘(F) 200N, 밴드와 드럼의 접촉각(θ) 225°, 마찰계수 $\mu=0.3$일 때 $\dfrac{l}{a}$은 얼마인가? (단, 드럼의 지름은 400mm이다.)

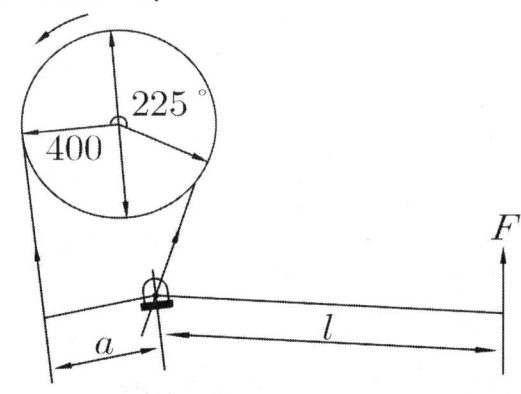

해설

$$e^{\mu\theta} = e^{0.3 \times 225 \times \frac{\pi}{180}} = 3.25$$

$$\frac{l}{a} = \frac{f}{F(e^{\mu\theta}-1)} = \frac{23863}{200 \times (3.25-1)} = 53.03$$

[답] $\dfrac{l}{a} = 53.03$

12

단열 밴드 브레이크에서 7.5kW, 200rpm의 동력으로 제동하려고 한다. 브레이크 막대 치수 $a=150$mm, 드럼의 지름 $D=450$mm, 조작력(F) 300N, 밴드 두께(t) 1[mm], 마찰계수 $\mu=0.25$, 접촉각(θ) 210°이다.

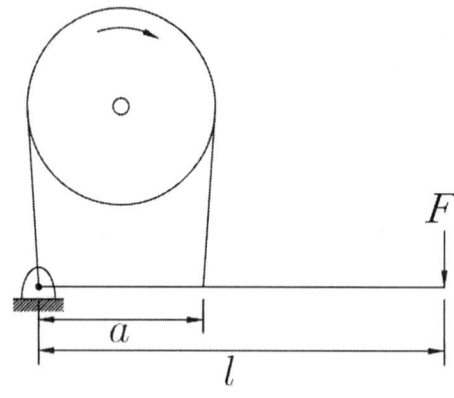

(1) 브레이크 길이 l는 몇 mm로 할 것인가?
(단, 정수로 답하고 드럼은 우회전한다.)

해설

$$f = \frac{2 \times 974 \times \frac{7.5}{200} \times 9.8}{450 \times 10^{-3}} = 1590.87\text{N}$$

$$e^{\mu\theta} = e^{0.25 \times 210 \times \frac{\pi}{180}} = 2.5$$

$$l = \frac{150f}{F(e^{\mu\theta}-1)} = \frac{150 \times 1,590.87}{300 \times (2.5-1)} = 530.29 = 531\text{mm}$$

[답] $l = 531$mm

(2) 브레이크 밴드의 너비 b는 몇 mm로 하여야 하는가?
(단, 밴드의 허용응력(σ)은 75mPa이다.)

해설

$$b = \frac{f}{\sigma t} \times \frac{e^{\mu\theta}}{e^{\mu\theta}-1} = \frac{1590.87}{75 \times 10^3 \times 1} \times \frac{2.5}{2.5-1} \times 10^3 = 35.35\text{mm}$$

[답] $b = 35.35$mm

(3) 좌회전하였을 경우 제동 토크(T)는 얼마인가?(kJ)

해설

$$T = Q \cdot \frac{D}{2} = 1590.87 \times \frac{0.45}{2} \times 10^{-3} = 0.36\text{kJ}$$

[답] $T = 0.36$kJ

O ENGINEER CONSTRUCTION EQUIPMENT

제 14 장

자유도 및 PERT&CPM

14-1 자유도
14-2 PERT/ CPM

[제 14-1 장] 자유도(F)

(1) 평면 운동기구의 자유도

$F = 3(N-1) - 2P_1 - P_2$

여기서, N: 링크수

P_1: 짝의 자유도가 1인 수(회전짝의 자유도는 1, 미끄럼짝의 자유도는 1)

P_2: 짝의 자유도가 2인 수(회전짝, 미끄럼짝의 자유도는 2)

(2) Grübler의 연쇄판별식

[평면운동기구의 자유도와 인쇄의 판별]

F의 값	기구의 상태
0 이하	운동기구는 움직이지 않는다. →고정연쇄
1	운동기구는 움직임. 결정적 기구(한정연쇄)
2 이상	운동기구는 움직임. 준결정적 기구(불한정 연쇄)
무한대	운동기구는 움직임. 비결정적 기구(불한정 연쇄)

1.

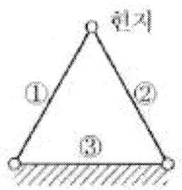

$N = 3(①,②,③)$

$P_1 = 3$(힌지(핀)지점)

$P_2 = 0$

$F = 3(N-1) - 2P_1 - P_2$

$= (3-1) - 2 \times 3 - 0$

$= 0$(운동기구는 움직이지 않는다.)

2.

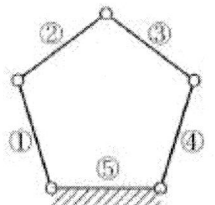

$N = 5$

$P_1 = 5$(힌지(핀)지점)

$P_2 = 0$

$F = 3(5-1) - 2 \times 5$

$= 12 - 10$

$= 2$(불한정 연쇄)

3.

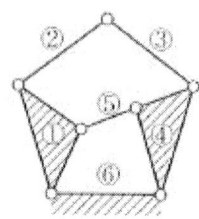

$N = 6$ ( → $N=1$로 봄)

$P_1 = 7$

$P_2 = 0$

$F = 3(6-1) - 2 \times 7$

$= 3(3-1) - 2 \times 3 - 0$

$= 1$ (한정 연쇄)

제 14 장 자유도 및 PERT & CPM

[제 14-2 장]   PERT/CPM

[건설기계설비 산업기사/기사에서만 출제됨]

PERT(Program Evaluation and Review Technique)란 그물꼴(Network)을 이용하여 사업계획(Project)을 효과적으로 수행할 수 있도록 하는 종합적인 O.R의 기법이다. CPM(Crirical Path Method)은 Project관리에서 공기의 단축이 요구될 때 단축해야 할 공정 및 설비 등에 최소비용의 증가로 공사기간을 단축하려는 기법이다.

14.2.1 총공기 및 총비용 계산

요소작업별 공기와 비용이 추정되면 총공기와 총비용을 계산하게 되는데 총공기의 계산은 EDPS에 의하여 용이하게 처리된다.

(1) 총공기 계산

총공기는 계획 공정표상에서 각 개발작업으로 얽혀진 공정에서 가장 긴 작업시간을 요하는 공정의 소요시간으로 한다. 즉 도중에 여유시간 없이 계속 연속된 공정의 소요시간으로, 계획공정표상에서 T_E를 계산함으로써 구할 수 있다. 총공기의 계산은 단계중심과 활동중심으로 나누어 실시하게 되는데 그 계산 요령은 다음과 같다.

① 단계중심의 총공기 계산

㉠ T_E(Earliest Expected Time : 최초시기) : 각 단계가 가장 빨리 시작될 수 있는 시기를 단계의 최초시기라고 한다.

㉡ T_L(Latest Allowable Time : 최지시기) : T_E에서 계산한 시기에 맞도록 연산하여 각 단계가 가장 늦게 시작해도 좋은 시기를 단계의 최지시기라고 한다.

㉢ 총공기 계산순서 : 각 단계나 활동의 최조시기(Earliest Event or Activity Time)를 계산하기 위해서는 전진계산(Forward Computation)을 하여야 하고, 최지시기 (Latest Event or Activity Time)를 계산하기 위해서는 후진계산 (BackWard Computation)을 하여야 한다.

② 단계중심의 중공기 계산에서의 주공정(CPM)

주공정(Crirical Pass Method)은 최초단계로부터 최종단계에 이르는 공정 중에서 시간적으로 가장 긴 공정인 것이다. 즉, 이는 상대적으로 여유치가 최소가 되는 단계($S=0$)의 연결인 것으로, 그 값이 늦어지면 전체 공정에 영향을 두게 되어 중점 관리해야 할 공정이다.

③ 단계중심의 총공기 계산 및 주공정

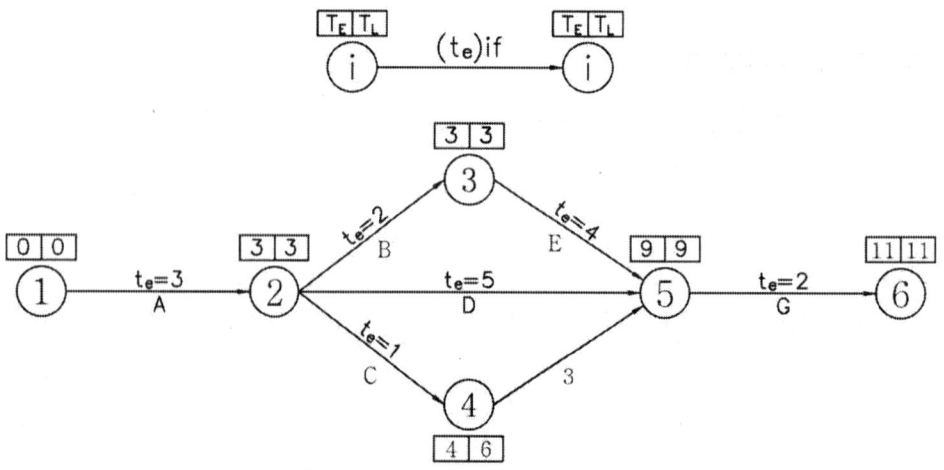

㉠ 전진계산(T_E의 계산) : 계획공정표에 대하여 전진계산을 하면 다음과 같다.

- $(T_E)_1 = 0$

- 다음 단계의 T_E는 선행단계의 T_E에 그 두 단계 사이의 활동 t_e를 가해서 구한다.

$(T_E)_2 = (T_E)_1 + (t_e)_{1.2} = 0 + 3 = 3$

$(T_E)_3 = (T_E)_2 + (t_e)_{2.3} = 3 + 2 = 5$

$(T_E)_4 = (T_E)_2 + (t_e)_{2.4} = 3 + 1 = 4$

제 14 장 자유도 및 PERT & CPM

- 결합단계는 선행단계의 T_E에 각 두단계 사이의 활동 t_e를 가한 각 수치 중에서 최대치를 취한다.

    $(T_E)_5 = (T_E)_2 + (t_e)_{2.5} = 3 + 5 = 8$

    $(T_E)_5 = (T_E)_3 + (t_e)_{3.5} = 5 + 4 = 9$

    $(T_E)_5 = (T_E)_4 + (t_e)_{4.5} = 4 + 3 = 7$

이 중의 최대치는 $(T_E)_5 = 9$

- $(T_E)_6 = (T_E)_5 + (t_e)_{5.6} = 9 + 2 = 11$

ⓒ 후진계산(T_L의 계산) : 계획공정표에 대하여 후진계산을 행하면 다음과 같다.

- 최종단계의 T_L은 예정달성기일(T_P : Projected Completion Time)의 지시가 없는 한 최종 단계의 T_E를 그대로 사용한다.

    즉, $(T_L)_6 = 11$

- 선행단계의 T_L은 후속단계의 T_L로부터 그 단계 사이의 t_e를 감해서 구한다.

    $(T_E)_5 = (T_L)_6 + (t_e)_{5.6} = 11 - 2 = 9$

    $(T_E)_4 = (T_L)_5 + (t_e)_{4.5} = 9 - 3 = 6$

    $(T_E)_3 = (T_L)_5 + (t_e)_{3.5} = 9 - 4 = 5$

- 결합단계는 후속단계의 T_L로부터 각 두 단계 사이의 활동 t_e를 감한 각 수치중에서 최소치를 취한다.

    $(T_L)_2 = (T_L)_5 + (t_e)_{2.5} = 9 - 5 = 4$

    $(T_L)_2 = (T_L)_4 + (t_e)_{2.4} = 6 - 1 = 5$

    $(T_L)_2 = (T_L)_3 + (t_e)_{2.3} = 5 - 2 = 3$

이 중의 최소치는 $(T_L)_2 = 3$이다.

- $(T_L)_1 = (T_L)_2 + (t_e)_{1.2} = 3 - 3 = 0$

ⓒ 주공정(CPM) 결정 : 주공정은 반드시 최초단계의 최종단계를 연결하여야 한다. 주공정은 일반적으로 굵은 선으로 표시한다.

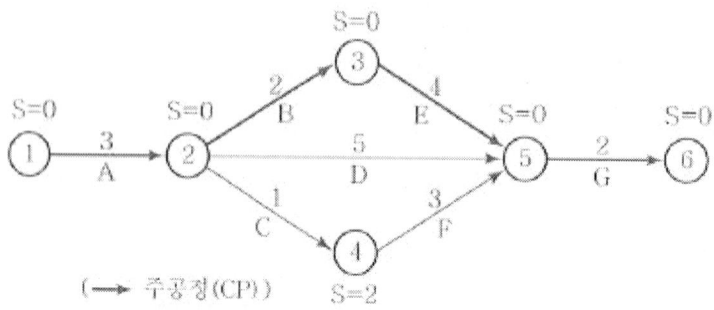

④ 단계중심의 총공기 계산 예제

㉠ T_E의 계산 : 앞에서부터 계산하여 가장 큰 값을 기입

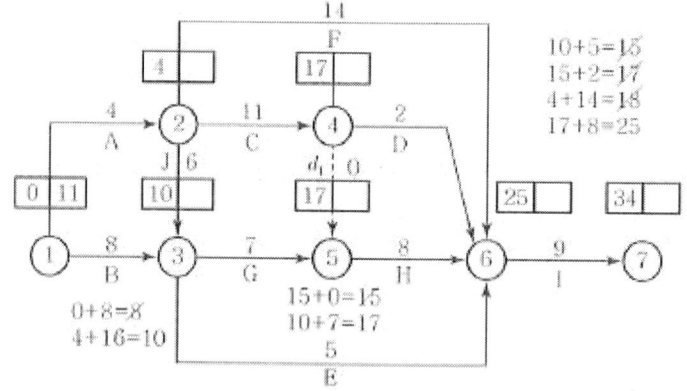

㉡ T_L의 계산 : 뒤에서부터 계산하여 가장 작은 값을 기입

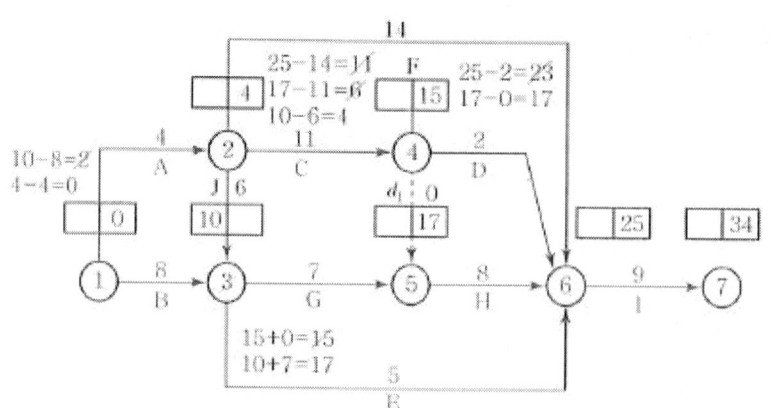

제 14 장 자유도 및 PERT & CPM

ⓒ T_E와 T_L의 조합 및 주공정(CPM)

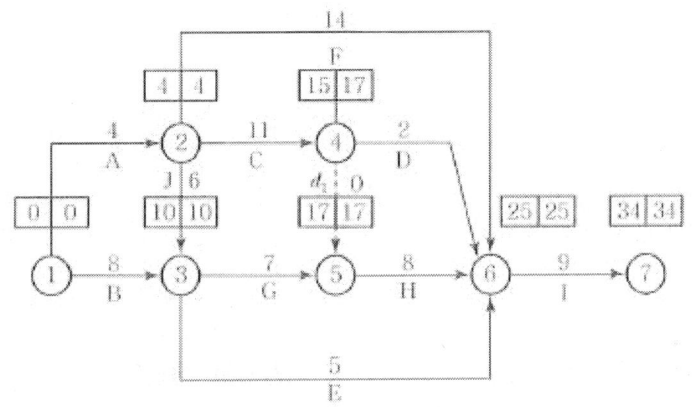

- CPM : ①→②→③→④→⑤→⑥→⑦
- 총소요기간 : 34일

(2) 공기 단축법

다음 계획공정표 공장건설계획 일부를 나타내고 있다. 단계중심의 총공기 계산 및 비용구배를 구하고 공기단축을 행한다. 아래의 표에서 정상 및 특급 페이스의 소요공기와 직접비를 나타내고 있다.

[정상 및 특급페이스의 소요공기와 직접비]

활동		정상작업		단축방법	특급작업		비용구배	주공정
기호	단계	일	비용		일	비용		
A	1~2	6	10,000	야간작업	5	16,000		☆
B	1~3	9	20,000	인원증가	5	36,000		
C	1~4	10	40,000	교대작업	6	50,000		
D	2~3	5	3,000	장비투입	3	12,000		☆
E	2~4	10	30,000	장비 및 인원증가	5	65,000		
F	3~4	8	24,000	인원증가 교대작업	6	36,000		☆

233

① 정상작업에서의 단계중심 총공기 계산 및 주공정

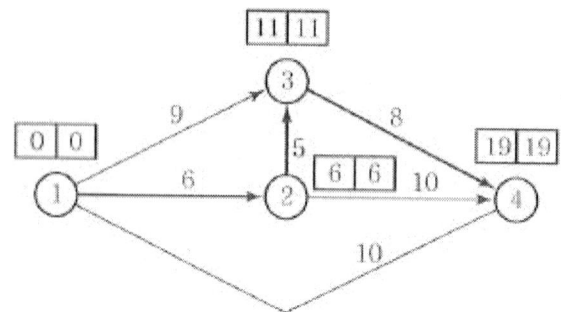

② 제 1회 단축 : 주공정의 일수를 최소한의 비용으로 줄인다.

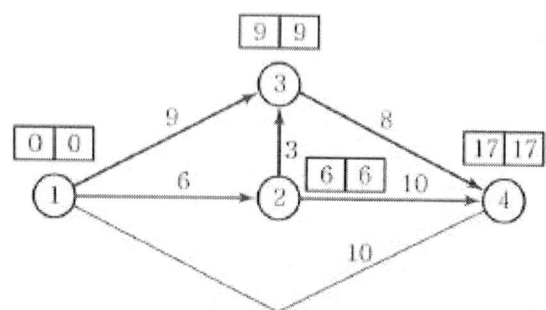

③ 제2회 단축

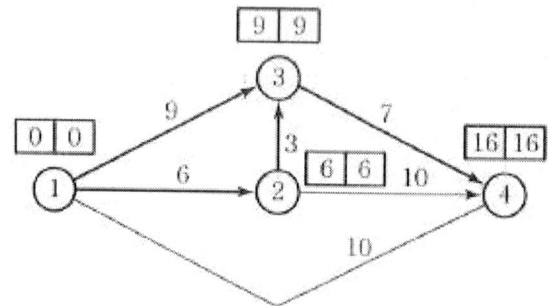

④ 제3회 단축

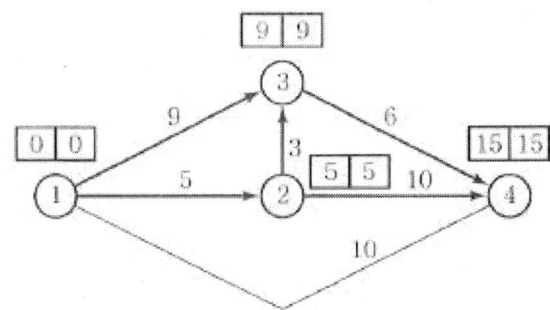

⑤ 제4회 단축

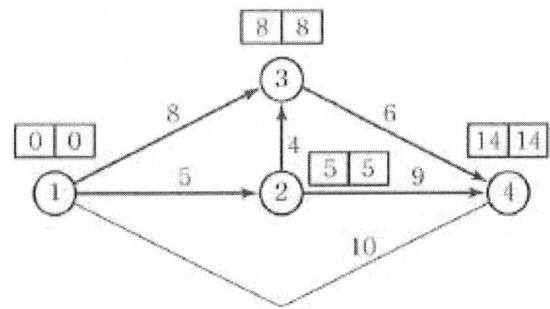

⑥ 전체 단축의 설명 및 비용 증가

활동	비용구배	활동	비용구배
(ㄱ) 1-2	6,000원	(ㄴ) 2-3	6,000원
1-3	4,000원	3-4	6,000원
(ㄷ) 2-4	7,000원		
3-4	6,000원		

이 공사를 단축시키기 위해서는 세 가지의 주공정을 모두 함께 단축시켜야 한다. 물론, 이때 최소 비용구배를 가진 활동부터 택하여 결합시키는 것이 바람직하다.

따라서, 다음과 같이 활동을 결합할 수 있다.

첫째, (ㄱ)인 활동 1-2와 1-3을 1일간씩 단축함으로써 일당 1,000원의 비용 증가가 소요됨을 알 수 있다.

둘째, (ㄴ)인 활동 2-3과 3-4를 동시에 단축함으로써 일당 12,000원의 비용 증가가 소요된다. 그러므로 전체 순 비용 증가는 35,000원이 된다.

(3) 공사비 예정가격 작성준칙

① 서론

공사비 예정가격 작성준칙(회계예규 2200.04-105-4) 자료를 근거로 하며, 이를 운용하는 직접적인 수단으로서의 원가 계산 방법은 구매자 입장 또는 도급자 입장에서 계약 대상자를 결정하기 위하여 공사 물품 제조 등의 불주 목적물의 가격을 예정하는 가격결정 방법이다.

② 회계코드의 대응

[공사원가 계산 방법]

직접공사비=직접재료비+직접노무비+직접 (기계)경비

순공사비(순공사원가)=재료비+노무비+경비

총공사비(총원가)=재료비+노무비+경비+일반관리비+이윤

제 14 장 자유도 및 PERT & CPM

[공사원가 계산서]

● 확장공사   (공사기간 : 2001.03~2001.10)

		구분	금액(원)	구성비	비고
순 공 사 원 가	재 료 비	직접재료비	40,000,000	㉠	
		간접재료비	50,000,000		
		작업실•부산물 등(△)	20,000,000		
		소계	47,000,000	ⓐ	
	노 무 비	직접노무비	4,000,000	㉡	
		간접노무비	3,000,000		
		소계	7,000,000	ⓑ	
	경 비	전력비	400,000		
		수도광열비	100,000		
		운반비	300,000		
		(직접)기계정비	8,000,000	㉢	
		특허권 사용료	100,000		
		기술료	200,000		
		연구개발비	300,000		
		품질관리비	200,000		
		가설비	400,000		
		지급임차료	100,000		
		보험료	100,000		
		복리후생비	200,000		
		보관비	100,000		
		여비•교통비•통신비	200,000		
		세금과 공과	300,000		
		폐기물 처리비	600,000		
		도서인쇄비	200,000		
		지급수수료	100,000		
		환경보전비	400,000		
		보상비	100,000		
		안전점검비	200,000		
		건설근로자 퇴직공제부금비	600,000		
		기타 법정경비	300,000		
		소계	13,500,000	ⓒ	
	일반관리비(15%)		10,125,000	ⓓ	
	이윤(10%)		3,062,500	ⓔ	
	총원가		503,687,500		

237

[참고]

1. 일반관리비=(재료비+노무비=경비)×0.15=67,500,000×0.15=10,125,000

2. 이윤=(노무비+경비+일반관리비)×0.1=30,625,000×0.1=30,625,000

(해설)

① 직접공사비=직접재료비+직접노무비+직접(기계)경비

  =㉠+㉡+㉢=40,000,000+4,000,000+8,000,000=52,000,000원

② 공사비=재료비+노무비+경비

  =ⓐ+ⓑ+ⓒ=47,000,000+7,000,000+13,500,000

  =490,500,000원

③ 총공사비=재료비+노무비+경비+일반관리비+이윤

  =ⓐ+ⓑ+ⓒ+ⓓ+ⓔ

  =470,000,000+7,000,000+13,500,000+10,125,000+3,062,500

  =503,687,500원

■ 공사원가 계산예제

우리나라 예산 회계 예규에 대한 다음과 같은 건축기계설비 공사원가 계산서(예)에서 총원가(공사비)는 얼마인가?

제 14 장 자유도 및 PERT & CPM

[공사원가계산서]

- 공사명 : ○○공사 ○○지점 신축 기계설비공사 (공사시간: 약 18개월)

비목		구분	금액(원)	구성비	비고
(M) 재료비		직접노무비	174,976,854		
		간접재료비	551,250		표준품셈 적용기중
		작업부산물	-39,635		
		소계	175,488,469		자급재료비 300,000,000제외
(L) 노무비		간접노무비(가)	70,000,000		
		간접노무비(나)	14,000,000	직접노무비의 20%	
		소계	84,000,000		
(01) 경비		전력비	200,000		
		운반비	150,000		
		기계경비	300,000		
		특허권 사용료			
		공구손료	140,000	적노의 2%	표준품셈 적용
		품질관리비			
		가설비	500,000		
		지급임차료			
		(2) 보험료	2,520,000	노무비의 3%	산재 보험료 기준
		보관비			
		외주가공비			
		(3) 안전관리비	4,909,770	(재+직노)2%	
		(4) 수도광열비	311,386	(재+노)의 1.2%	
		연구개발비			
		(5) 복리후생비	5,189,769	(재+노)의 2%	
		(6) 소모품비	2,594,885	(재+노)의 1.0%	
		(7) 여비•교통비 •통신비	1,816,420	(재+노)의 0.7%	
		(8) 세금과 공과	1,556,939	(재+노)의 0.6%	
		폐기물 처리비			
		(9) 도서인쇄비	518,977	(재+노)의 0.2	
		지급수수료			
		소계	21,965,137		
(M)+(L)-(01)=계			237,523,332		
(02)일반관리비( )%			19,701,752	(재+노+경)의 7%	회계 예규의 제 18조적용
(P)이윤( )%			16,190,296	(노+경+일반)의 15%	회계 예규의 제 19조적용
총원가(공사비)					
부가세					
공사예정가격					

239

(해설)

① 재+노=재료비+노무비=175,488,469+84,000,000=259,488,469원

② 총원가(공사비)=175,488,469+84,000,000+21,965,137+19,701,752++16,190,296

=317,345,654원

(4) 여유시간 계산법

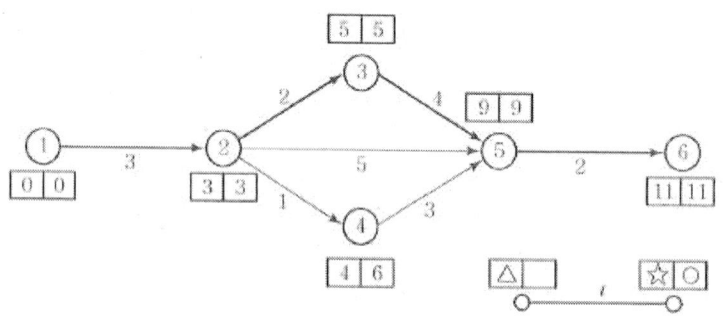

기호	활동	기간	개시시간		완료시간		TF	FF	IF	주공정
			(T_E) EST△	$(T_L)0-t$ LST	☆ EFT	LFT (○)				
A	1-2	3	0	0	3	3	0	0	0	☆
B	2-3	2	3	3	5	5	0	0	0	☆
C	2-4	1	3	5	4	6	2	0	2	
D	2-5	5	3	4	8	9	1	1	0	
E	3-5	4	5	5	9	9	0	0	0	☆
F	4-5	3	4	6	7	9	2	2	0	
G	5-6	2	9	9	11	11	0	0	0	☆

- TF : 총 여유시간(Total Float)
- TF=LST-EST=LFT-EFT
- FF : 자유 여유시간(Free Float)
  FF=다음 단계의 EST-EFT
  IF=간섭 여유시간(Interfering Float)
  IF=TF-FF
- 독립여유시간(INDF ; Independent Float)
  후속활동이 EST에서 시작되고 선행활동이 LFT에서 끝났을 때의 여유시간,
  즉 완전한 독립적인 여유시간이며 주공정과 직접 접하지 않은 공정에서만 성립된다.
  INDF= 다음 단계의 EST-LFT

예제문제 01

다음 네트워크(Network)에서의 공정일수와 주공정을 구하시오.

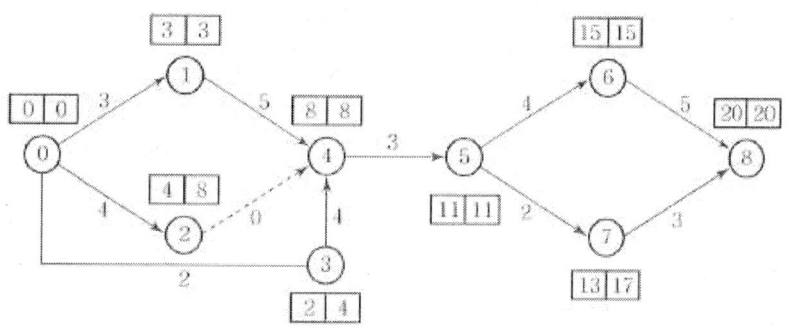

해 설   공정일수 : 20일 (⓪→①→④→⑤→⑥→⑧)

예제문제 02

다음 계획공정표에서 특급상태로 작업하여 7일간의 공기를 단축할 경우 특급상태 주공정과 증가되는 최소비용은 얼마인가?
(단, 증가비용은 단축일수에 비례하는 것으로 한다.)

작업명	표준상태		특급상태		작업명	표준상태		특급상태	
	작업일수	비용	작업일수	비용		작업일수	비용	작업일수	비용
A	4	9	4	9	E	10	20	8	27
B	6	14	5	16	F	14	25	10	30
C	7	15	5	17	G	8	17	7	25
D	14	20	11	26	H	6	15	5	17

해설

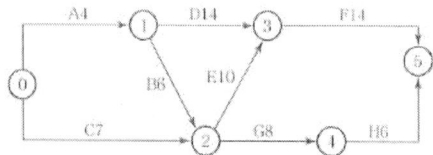

- 표준

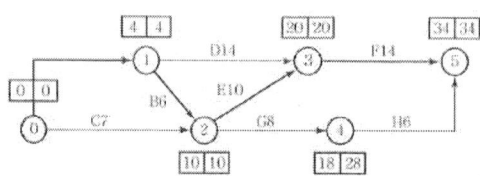

- 특급

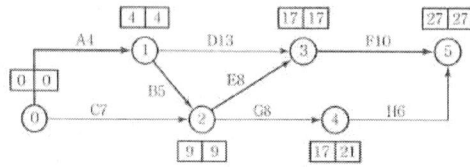

$$B = \frac{16-14}{6-5} = 2, \quad D = \frac{26-20}{14-11} = 2, \quad E = \frac{27-20}{10-8} = 3.5,$$

$$F = \frac{30-25}{14-10} = 1.25$$

증가비용 = 2×1+2×1+3.5×2+1.25×4 = 16만원

∴ 비용 = 16만원

제 14 장 자유도 및 PERT & CPM

예제문제 03

다음과 같은 기계설비 설치계획 공정표가 있다. 이 계획에 최대 동원가능 인원은 12일 동안 매일 10명인 경우 8일째 되는 날 최소로 동원하여도 가능한 작업인원수를 답안지 표의 필요부분을 보충하고 8일째 인원란에 표시하시오.

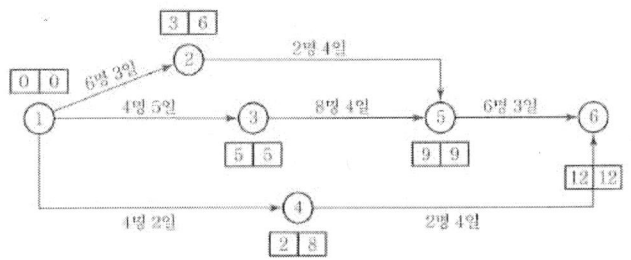

해 설

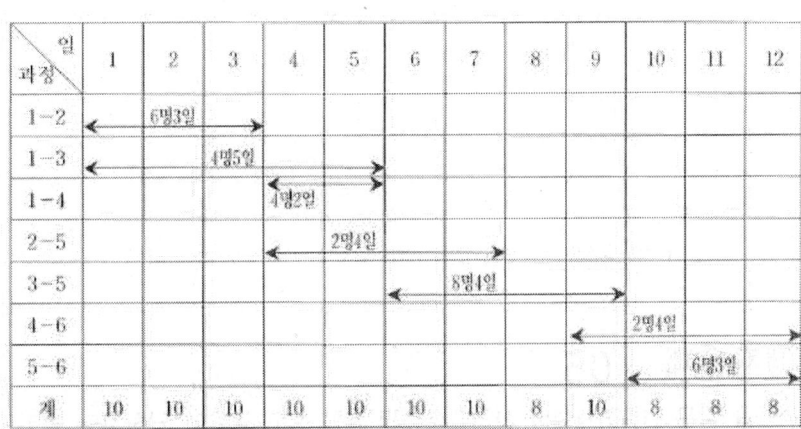

일 과정	1	2	3	4	5	6	7	8	9	10	11	12
1-2	←—	6명3일	—→									
1-3	←—		4명5일		—→							
1-4				4명2일								
2-5				←—	2명4일		—→					
3-5						←—	8명4일		—→			
4-6									←—	2명4일		—→
5-6										←—	6명3일	—→
계	10	10	10	10	10	10	10	8	10	8	8	8

● 요령

① 주공정은 변할 수 없으므로 먼저 표시한다.(주공정 ①→③→⑤→⑥)
② 총인원이 10명을 넘지 않게 안배한다.
③ 8일째를 최소의 인원으로 한다.

243

예제문제 04

건설기계 현장 업무 중 다음 표와 같은 활동과 소요일수를 필요로 하는 공사가 있다.
계획공정표를 작성하고 공정일수와 주공정을 구하시오.

활동	소요일수	활동	소요일수
1→2	8	4→6	6
1→3	5	4→7	14
1→4	4	5→7	8
2→5	9	6→7	3
3→6	7		

해설

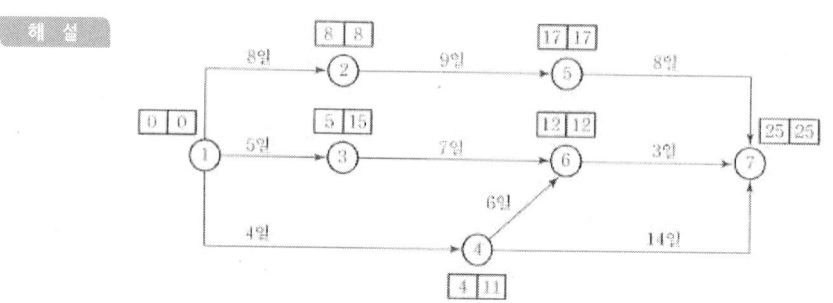

- 주공정 : (① → ② → ⑤ → ⑦)

예제문제 05

다음과 같은 건축기계설비 설치계획 공정표를 보고 물음에 답하시오. 추가인력 및 특수장비 등을 투입하여 공기를 단축할 수 있는 특급상태 작업 시 최대로 단축할 수 있는 공기단축일수는 얼마이며, 이때 표준상태에서 비교해 추가해야 하는 최소비용은? (단, 주공기 단축이 안 되는 공정은 특급상태로 작업하지 않으며 특급상태 작업은 모두 주공정이 되며, 특급상태로 작업 시 최소비용원칙을 적용하여 추가비용이 적은 작업을 우선하여 단축하고, 단축 해당 작업에서 단축가능일수 중 일부분만 단축할 경우의 해당 작업 추가비용은 해당 작업의 특급 추가비용과 단축일수에 비례하여 계산한다.)

작업명		A	B	C	D	E	F	G	H	I
선행작업		없음	A	A	A	D	C, E	C, E	B, F	G, H
표준상태	작업일수	4	5	9	5	5	5	5	4	9
	비용(만원)	20	30	85	60	50	15	50	20	51
특급상태	작업일수	3	4	7	4	4	3	5	4	9
	비용(만원)	25	40	95	80	55	25	50	20	51

제 14 장 자유도 및 PERT & CPM

해설

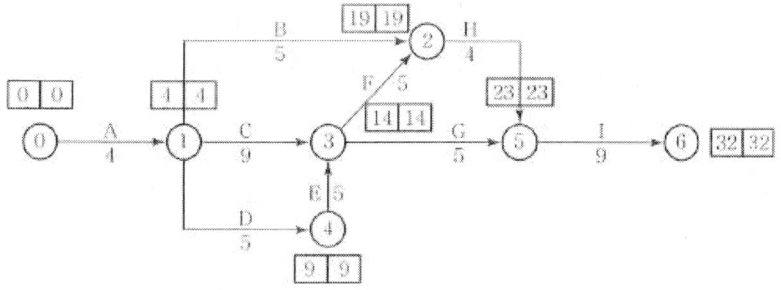

주공정선(⓪→①→④→③→②→⑤→⑥)

- A작업 : 1일 단축 $\dfrac{25-20}{4-3}=5$만원

- C작업 : 1일 단축 $\dfrac{95-85}{9-7}=10$만원

- D작업 : 1일 단축 $\dfrac{80-60}{5-4}=20$만원

- E작업 : 1일 단축 $\dfrac{55-50}{5-4}=5$만원

- F작업 : 2일 단축 $\dfrac{25-15}{5-3}=10$만원

최대로 단축할 수 있는 공기 단축일수 : 1+1+1+2=5일

∴ 최소비용=A+C+D+E+F=5+5+20+5+10=45만원

예제문제 06

다음 공정표는 표준상태와 특급상태에 대한 작업일수와 비용을 나타내고 있다. 특급상태로 작업하여 5일간 공정을 단축하면서 증가되는 최소비용을 구하여라. (단, 증가내용은 단축일수에 비례하는 것으로 본다.) (비용단위 : 만원)

작업명	표준상태		특급상태		작업명	표준상태		특급상태	
	작업일수	비용	작업일수	비용		작업일수	비용	작업일수	비용
A	5	19	5	19	E	9	39	7	45
B	7	25	6	28	F	10	41	6	50
C	10	48	9	52	G	8	27	7	29
D	8	27	6	33	H	5	20	4	24

(1) 표준상태 주공정
(2) 특급상태로 작업해야 할 공정
(3) 증가되는 최소비용

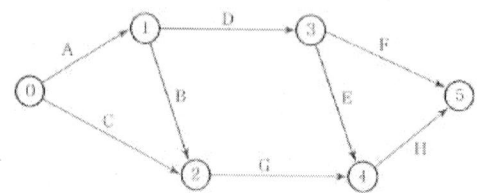

해설
(1)

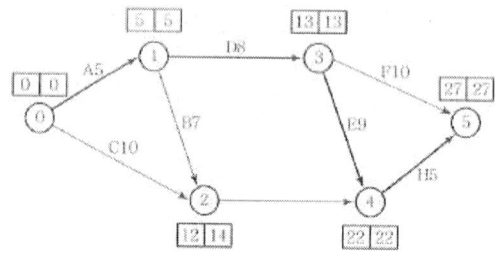

- ⓪→①→③→④→⑤ ∴ 27일

(2)

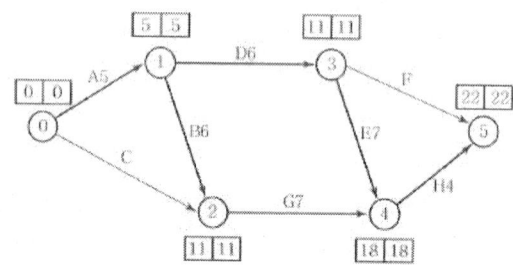

- ⓪→①→③→④→⑤ → ② ∴ 22일

(3) $B = \dfrac{28-25}{7-6} = 3$, $D = \dfrac{33-27}{8-6} = 3$, $E = \dfrac{45-39}{9-7} = 3$

$G = \dfrac{29-27}{8-7} = 2$, $H = \dfrac{24-20}{5-4} = 4$

∴ 증가비용 = 3×1 + 3×2 + 3×2 + 2×1 + 4×1 = 21만원

제 14 장 자유도 및 PERT & CPM

예제문제 07

다음 조건을 갖는 공사가 있다. 물음에 답하시오.

작업명	A	B	C	D	E	F	G	H	I	J	K	L	M	N	O	P	Q
선행작업	-	-	AB	AB	AB	E	CF	CF	CF	GHI	J	J	CDF	M	KL	O	N
소요일수	5	3	2	3	2	2	3	2	2	7	3	4	4	3	3	2	5

(1) 네트워크 공정표를 그리고 주공정을 굵은 실선으로 표시하시오.

(2) 공사완료 소요일수를 구하시오.

해설 (1) ① 공정표

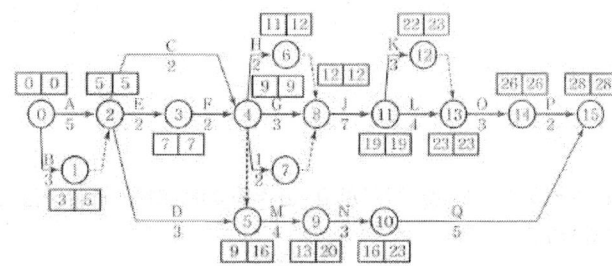

② CP : ⓪ → ② → ③ → ④ → ⑧ → ⑪ → ⑬ → ⑭ → ⑮

(2) 공사완료 소요일수 = 28일

예제문제 08

다음과 같은 작업리스트가 있다. 물음에 답하시오.

작업명	선행작업	후속작업	표준		특급	
			일수	직접비(만원)	일수	직접비(만원)
A	-	B, C	6	210	5	240
B	A	D, E	4	450	2	630
C	A	F, G	4	160	3	200
D	B	G	3	300	2	370
E	B	H	2	600	2	600
F	C	I	7	240	5	340
G	C, D	I	5	100	3	120
H	E	I	4	130	2	170
I	F, G, H	-	2	250	1	350

(1) Network(화살선도)를 작도하고, 표준일수에 대한 주공정을 굵은 실선으로 표시하시오.

(2) 다음 작업 List의 빈칸을 채우시오.

작업명	공비증가율 (만원/일)	개시		완료		여유시간		
		EST	LST	EFT	LFT	TF	FF	DF
A								
B								
C								
D								
E								
F								
G								
H								
I								

제 14 장 자유도 및 PERT & CPM

해 설

(1) Network

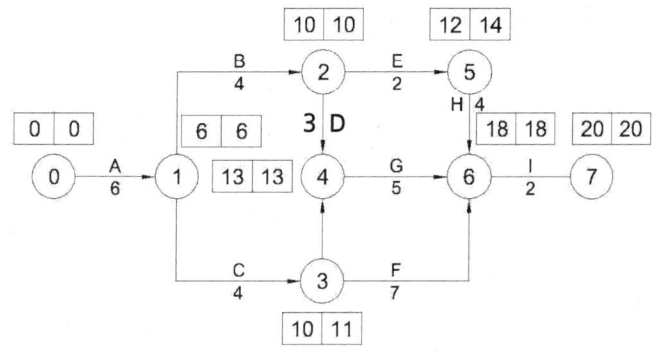

(2) 작업 List

작업명	공비증가율 (만원/일)	개시		완료		여유시간		
		EST	LST	EFT	LFT	TF	FF	DF
A	$\dfrac{240-210}{6-5}=30$	0	6-6=0	0+6=6	6	6-0-6=0	6-0-6=0	0-0=0
B	$\dfrac{630-450}{4-2}=90$	6	10-4=6	6+4=10	10	10-6-4=0	10-6-4=0	0-0=0
C	$\dfrac{200-160}{4-3}=40$	6	11-4=7	6+4=10	11	11-6-4=1	10-6-4=0	1-0=1
D	$\dfrac{370-300}{3-2}=70$	10	13-3=10	10+3=13	13	13-10-3=0	13-10-3=0	0-0=0
E	0	10	14-2=12	10+2=12	14	14-10-2=2	12-10-2=0	2-0=2
F	$\dfrac{340-240}{7-5}=50$	10	18-7=11	10+7=17	18	18-10-7=1	18-10-7=1	1-1=0
G	$\dfrac{120-100}{5-3}=10$	13	18-5=13	13+5=18	18	18-13-5=0	18-13-5=0	0-0=0
H	$\dfrac{170-130}{4-2}=20$	12	18-4=14	12+4=16	18	18-12-4=2	18-12-4=2	2-2=0
I	$\dfrac{350-250}{2-1}=100$	18	20-2=18	18+2=20	20	20-18-2=0	20-18-2=0	0-0=0

[참고]
(1) EST $= T_{E1}$ ·················· ①
(2) EFT $= T_{E1} + D$ ·············· ① $+ D$
(3) LST $= T_{L2} - D$ ·············· ④ $- D$
(4) LFT $= T_{L2}$ ·················· ④
(5) TF $= T_{L2} - T_{E1} - D$ ········ ④ $-$ ① $- D$
(6) FF $= T_{E2} - T_{E1} - D$ ········ ③ $-$ ① $- D$
(7) DF $= TF - FF$

예제문제 09

다음과 같은 작업표를 이용하여 물음에 답하시오.

작업명	선행작업	후속작업	표준 일수	표준 직접비(만원)	특급 일수	특급 직접비(만원)
A	-	C, D	4	210	3	280
B	-	E, F	8	400	6	560
C	A	E, F	6	500	4	600
D	A	H	9	540	7	600
E	B, C	G	4	500	1	1100
F	B, C	H	5	150	4	240
G	E	-	3	150	3	150
H	D,F	-	7	600	6	750

(1) 표준일수에 대한 공정선도를 그리고, 주공정을 굵은 실선으로 표시하시오.

(2) 총 공사비가 가장 적게 들기 위한 최적공정선도를 구하고, 단축일수와 증가공사비를 계산하시오.

해 설

(1) 공정표

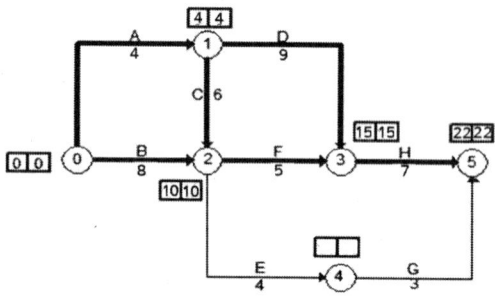

(2) ① 최적공정선도

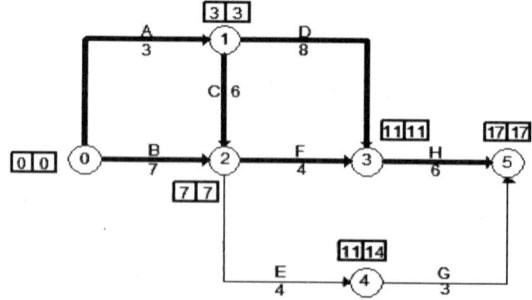

제 14 장 자유도 및 PERT & CPM

해설

작업명	단축일수	추가비용
A	1	$\dfrac{280-210}{4-3}=70$
B	1	$\dfrac{560-400}{8-6}=80$
C	2	$\dfrac{600-500}{6-4}\times 2=100$
D	1	$\dfrac{600-540}{9-7}=30$
F	1	$\dfrac{240-150}{5-4}=90$
H	1	$\dfrac{750-600}{7-6}=150$
		합계

③ 단축일수 = 22-17 = 5일
   증가공사비 = 520만원

예제문제 10

다음과 같은 작업표를 이용하여 물음에 답하시오.
(단, 간접비는 1일당 60만원이 소요된다.)

작업명	선행작업	후속작업	표준 일수	표준 직접비(만원)	특급 일수	특급 직접비(만원)
A	-	C,D	4	210	3	280
B	-	E,F	8	400	6	560
C	A	E,F	6	500	4	600
D	A	H	9	540	7	600
E	B,C	G	4	500	1	1100
F	B,C	H	5	150	4	240
G	E	-	3	150	3	150
H	D,F	-	7	600	6	750

(1) 표준일수에 대한 공정선도를 그리고, 주공정을 굵은 실선으로 표시하시오.

(2) 총 공사비가 가장 적게 들기 위한 최적증가공사비를 계산하시오.

해설 (1) ① 공정표

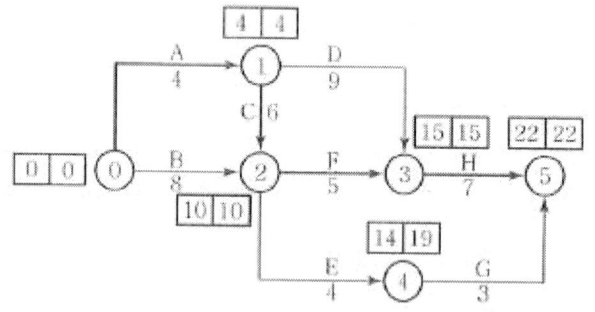

252

작업명	단축일수	추가비용
A	1	$\dfrac{280-210}{4-3}=70$
B	1	$\dfrac{560-400}{8-6}=80$
C	2	$\dfrac{600-500}{6-4}\times 2=100$
D	1	$\dfrac{600-540}{9-7}=30$
F	1	$\dfrac{240-150}{5-4}=90$
H	1	$\dfrac{750-600}{7-6}=150$
		합계

② 간접비가 1일당 60만원이므로 최소경비는 추가비용이 1일당 60만원이하이어야 한다. 그러므로 최적공기는 C작업의 2일을 줄인다.

최적공기=22-2=20일
∴최적증가공사비=100만원

예제문제 12

건설기계의 구동기구가 다음 그림과 같을 때 링크의 수와 조인트의 수를 구하고 운동의 자유도를 계산하시오.

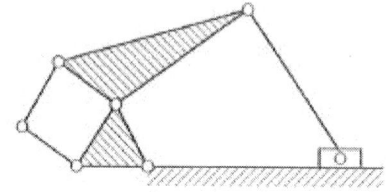

(1) 링크의 수
(2) 조인트의 수
(3) 자유도

해설 (1) $N=6$

(2) $P_1 = 7$

(3) $F = 3(N-1) - 2P_1 - P_2(P_2-0) - 3(6-1) - 2 \times 7 = 1$

O ENGINEER CONSTRUCTION EQUIPMENT

부록 I

핵심기출문제

최근에 출제된 기출문제 중에서
반드시 알아야 할 핵심문제만을 수록하였다.
특히, 반복하여 출제되는 문제들은 필히 익혀
꼭 내 것으로 만들도록 한다.

01

다음 그림과 같은 벨트 풀리축을 보고 다음을 구하라. 단, 벨트 풀리의 무게 300N,
축지름 d=70mm, L=1000mm, L_1=200mm로 하고 자중은 무시하며
$E = 2.1 \times 10^5 \text{N/mm}^2$이다.

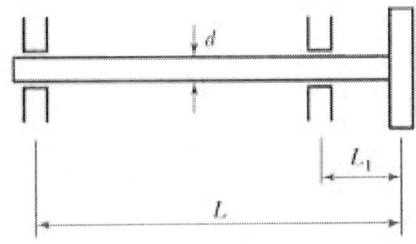

(1) 벨트의 무게에 의한 최대 처짐량 δ(mm)

$$\delta = \frac{64 \times 3000 \times L \times L_1^2}{3 \times E \times \pi \times d^4} = \frac{64 \times 3000 \times 1 \times 0.2^2}{3 \times 2.1 \times 10^5 \times 10^6 \times \pi \times 0.07^4} \times 10^3 = 0.16 \text{mm}$$

[답] 0.16mm

(2) 위험속 N_{cr}(rpm)

$$N_{cr} = 300\sqrt{\frac{1}{\delta}} = 300\frac{1}{\sqrt{0.016}} = 2371.71 \text{rpm}$$

[답] 2371.71rpm

02

드럼의 지름 D=600mm인 밴드브레이크에 의해 T=1kN·m의 제동토크를
얻으려고 한다. 다음을 구하라. 단, 밴드의 두께 h=3mm, 마찰계수 μ=0.35,
접촉각 $\theta = 250°$, 밴드의 허용인장응력 σ_w=80MPa이라 한다.

(1) 긴장측 장력 T_t(N)

$$T_t = \frac{2T}{D} \cdot \frac{e^{\mu\theta}}{e^{\mu\theta}-1} = \frac{2 \times 1000}{0.6} \times \frac{e^{0.35 \times 250 \times \frac{\pi}{180}}}{e^{0.35 \times 250 \times \frac{\pi}{180}}-1} = 4257.95 \text{N}$$

[답] 4257.95N

(2) 밴드폭 b(mm)

$$b = \frac{T_t}{\sigma_w h} = \frac{4257.95}{80 \times 10^6 \times 0.003} \times 10^3 = 17.74 \text{mm}$$

[답] 17.74mm

03

두께가 19mm인 강판을 리벳의 지름이 25mm, 피치가 68mm로 1줄 양쪽 덮개판 맞대기 이음을 하였다. 이 이음에 310kN의 힘이 작용하였을 때 다음을 구하라.
(단, 리벳의 전단강도는 판의 인장강도의 80%이다.)

(1) 강판 효율 η_p(%)

$$\eta_p = \left(1 - \frac{25}{68}\right) \times 100 = 63.24\%$$

[답] 63.24%

(2) 리벳 효율 η_t(%)

$$\eta_t = \frac{0.8 \times \pi \times 25^2 \times 1.8}{4 \times 68 \times 19} \times 100 = 54.71\%$$

[답] 54.71%

04

전위기어의 사용목적 5가지를 적으시오.

1. 언더컷 방지
2. 중심거리를 변화시켜 이의 크기를 크게 함
3. 이의 강도 개선
4. 잇수를 크게 함
5. 이의 간섭방지

05

중실축과 중공축이 동일한 비틀림 모멘트 T를 받고 있을 때 두 축에 발생하는 비틀림 응력이 동일하도록 제작하고자 한다. 지름 100mm의 중실축과 재질이 같고 내외경비가 0.7인 중공축의 바깥지름은?([mm])

$$T = \tau \frac{\pi d^3}{16} = \tau \frac{\pi d_2^3}{16}(1 - x^4)$$

$$d_2 = \sqrt[3]{\frac{1}{1 - 0.7^4}} \times 100 = 109.58 \text{mm}$$

[답] 109.58mm

06

플라이 휠 직경 179mm, 회전수 600rpm, 비중 7.3, 회전에 의한 플라이 휠 가장자리에서 발생하는 인장응력(σ) KPa은?

해 설

$$\sigma = \frac{rV^2}{g} = 1000SV^2 = 1000 \times 7.3 \times \left(\frac{\pi \times 170 \times 600}{60 \times 1000}\right)^2 = 208.22\text{kPa}$$

$$\sigma = 208.22\text{kPa}$$

[답] 208.22KPa

07

접촉면의 안지름 75mm, 바깥지름 125mm, 접촉면수 4개인 다판클러치의 평균마찰계수 0.1이고 힘(W) 5000N을 다판클러치에 가할 때 압력은 균일하게 작용한다고 가정하여 다음을 구하여라.

(1) 마찰판에 가해지는 압력 P[MPa]

해 설

$$P = \frac{4 \times 5000}{\pi \times (0.125^5 - 0.075^2) \times 4} \times 10^{-6} = 0.16\text{MPa}$$

[답] 0.16MPa

(2) 전달토크 T[Nm]

해 설

$$T = PR = \mu W \frac{D_1 + D_2}{4}$$

$$T = 0.1 \times 5000 \times \frac{0.075 + 0.125}{4} = 25\text{N} \cdot \text{m}$$

[답] 25N · m

08

코터이음에서 축에 작용하는 인장하중(P) 39.24kN, 소켓의 바깥지름(D_2) 130mm, 로드의 지름 (d) 65mm, 코터의 나비(b) 65mm, 코터의 두께(t) 20mm, 축지름(d_1) 60mm일 때, 다음을 구하라.

(1) 로드의 코터 구멍부분의 인장응력 σ(MPa)

해설
$$\sigma_t = \frac{P}{\frac{\pi d^2}{4} - bt} = \frac{32940}{\frac{\pi \times 0.065^2}{4} - 0.065 \times 0.02} \times 10^{-6} = 19.42 \mathrm{MPa}$$

[답] 19.42MPa

(2) 코터의 굽힘응력 σ_b(MPa)

해설
$$\sigma_b = \frac{6PD_2}{tb^2 8} = \frac{6 \times 39.24 \times 10^3 \times 130}{20 \times 65^2 \times 8} = 45.28 \mathrm{MPa}$$

[답] 45.28MPa

09

지름(d) 32mm의 축에 D_B=300mm인 풀리 B에 긴장측 장력(T_t) 300N, 이완측 장력(T_s) 100N이 작용하고 있다. 축은 2000rpm으로 회전하며 D_A=250mm인 풀리 A에는 이완측 장력 P_2=0.25 P_1이 작용하고 있을 때 다음을 구하라.
(단, P_1은 풀리 A의 긴장측 장력이고, G=80.5GPa이다.)

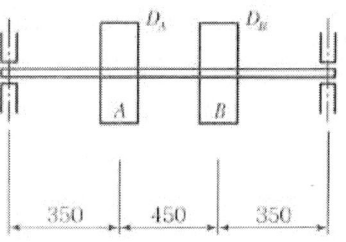

(1) 풀리 B의 전달토크 T(N·m)?

$$T = (T_t - T_s)\frac{D_B}{2} = (300-100)\frac{0.3}{2} = 30\text{N}\cdot\text{m}$$

[답] 30N·m

(2) 축의 전 길이에 대한 비틀림각 θ(deg)?

$$\theta = \frac{32\,T(0.35+0.45+0.35)}{G\times\pi\times d^4}\times\frac{180}{\pi}$$

$$= \frac{32\times 30\times(0.35+0.14+0.35)}{80.5\times 10^9\times\pi\times(0.032)^4}\times\frac{180}{\pi} = 0.24°$$

[답] 0.24°

(3) 풀리 A의 긴장측 장력과 이완측 장력(N)?

$$T = (P_1 - P_2)\frac{D_A}{2} = 0.75 P_1 \frac{D_A}{2}$$

$$P_1 = \frac{2T}{0.75 D_A} = \frac{2\times 30}{0.75\times 0.25} = 320\text{N}$$

$$P_2 = 0.25 P_1 = 0.25\times 320 = 80\text{N}$$

[답] 320N, 80N

10

기어 A의 잇수가 30개, B의 잇수가 20개인 그림과 같은 유성기어에서 A는 고정되어 있고 B가 시계방향으로 10회전할 때, 아암 H의 회전수는 어떻게 되는가?

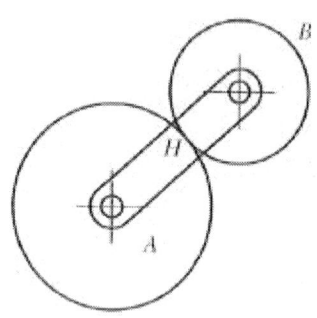

	A	B	H
전체고정	N_H	N_H	N_H
암 고정	$N_A - N_H$	$-(N_A - N_H)\dfrac{Z_A}{Z_B}$	0
실제회전	N_A	N_B	N_H

해설

$$N_B = N_B - (N_A - N_H)\frac{Z_A}{Z_B}$$

$$N_B = N_H - N_A \frac{Z_A}{Z_B} + N_H \frac{Z_A}{Z_B}$$

$$N_H = \frac{N_B - N_A \dfrac{Z_A}{Z_B}}{1 + \dfrac{Z_A}{Z_B}} = \frac{10 + 0}{1 + \dfrac{30}{20}}$$

$$= \frac{20 \times 10}{50} = 4(\text{시계방향})$$

[답] 4(시계방향)

11

나사의 풀림방지법 5가지를 적어라.

해설
1. 로크 너트 사용
2. 분할핀 사용
3. 너트 옆면에 나사 구멍을 설치하여 세트나사를 집어 박아 볼트의 나사부를 고정
4. 와셔를 사용하여 너트의 자립조건을 만족시킨다.
5. 마찰각이 리드각보다 크게 설계한다.
6. 멈춤나사 사용

12

스플라인 호칭지름(D) 82mm, 이높이(h) 3mm, 잇수(Z) 6개, 회전수(N) 200rpm으로 회전할 때 다음을 구하라. 단 이 측면의 허용접촉면압력(P)은 19.62N/mm^2, 보스길이(l) 150mm, 접촉효율(η)은 0.75이다.

(1) 전달토크 T(N·m)?

해설
$$T = qh \cdot l \cdot z \cdot \frac{(D_1+h)}{2} \cdot \eta = 19.62 \times 3 \times 150 \times 6 \frac{0.082+0.003}{2} \times 0.75$$
$$= 1688.55 N \cdot m$$

[답] 1688.55N·m

(2) 전달동력(H)은 몇 kW인가?

해설
$$H = \frac{NT}{974 \times 9.8} = \frac{200 \times 1628.95}{974 \times 9.8} = 34.13 kW$$

[답] 34.13kW

13

리벳의 구멍지름 25mm, 피치 68mm, 판두께 19mm인 양쪽 덮개판 1줄 리벳 맞대기이음의 효율을 계산하라. 단, 리벳의 전단강도는 판의 인장강도의 85%이다. 리벳 1개에 대한 전단면이 2개인 복전단으로 1.8배로 계산하라.

(1) 판의 효율 η_p(%)는?

$$\eta_p = \left(1 - \frac{25}{68}\right) \times 100 = 63.23\%$$

[답] 63.23%

(2) 리벳 효율 η_r(%)는?

$$\eta_r = \frac{\sigma \times 0.85 \times \pi d^2 \times 1.8}{4 \times \sigma \times p \times t} = \frac{0.85 \times \pi \times 25^2 \times 1.8}{4 \times 68 \times 19} \times 100 = 58.13\%$$

[답] 58.13%

(3) 리벳이음의 효율은 몇 %인가?
　　작은 값 58.13%

[답] 58.13%

14

스팬의 길이 2,500mm, 강판의 폭(b) 60mm, 두께(h) 15mm, 강판의 수(z) 6개, 허리조임의 폭(e) 120mm인 겹판스프링에서 스프링의 허용굽힘응력 350N/mm^2, 세로탄성계수를 206×10^3N/mm^{2}라 할 때 다음을 구하라.
단, $l_c = l - 0.6e$로 계산하고 여기서, l은 스팬의 길이 e는 허리조임의 폭이다.

(1) 스프링의 받칠 수 있는 최대하중(W)은 몇 kN인가?

$$W = \frac{\sigma \times 2 \times z \times b \times h^2}{3 \times (l - 0.6 \times e)} = \frac{350 \times 2 \times 6 \times 60 \times 15^2}{3 \times (2500 - 0.6 \times 120)} \times 10^{-3} = 7.78\text{kN}$$

[답] 7.78kN

(2) 처짐(δ)은 몇 mm인가?

$$\delta = \frac{3W(l - 0.6 \times e)^3}{8Ezbh^3} = \frac{3 \times 7780 \times (2500 - 0.6 \times 120)^3}{8 \times 206 \times 10^3 \times 6 \times 60 \times 15^3} = 166.85\text{mm}$$

[답] 166.85mm

15

1500rpm, 150mm의 평벨트 풀리(N_2)가 300rpm의 축(H)으로 8kW를 전달하고 있다. 마찰계수(μ)가 0.3이고 단위 길이당 무게(w)가 0.35kg/m일 때 다음을 구하라.
(단, 축간거리(c)는 1800mm이다.)

(1) 종동풀리의 지름 D_2(mm)?

$$D_2 = D_1 \frac{N_1}{N_2} = 150 \frac{1500}{300} = 750 \text{mm}$$

[답] 750mm

(2) 긴장측 장력 T_t(N)?

$$V = \frac{\pi D_1 N_1}{60 \times 1000} = \frac{\pi \times 150 \times 1500}{60 \times 1000} = 11.78 \text{m/s}$$

$$\theta_1 = 180 - 2\sin^{-1}\frac{D_2 - D_1}{2C} = 180 - 2\sin^{-1}\frac{750 - 150}{2 \times 1800} = 160.81°$$

$$e^{\mu\theta} = e^{(0.3 \times 160.81 \times \frac{\pi}{180})} = 2.32$$

$$T_t = \frac{1000 kW \cdot e^{\mu\theta}}{v(e^{\mu\theta} - 1)} + \frac{wv^2}{g}$$

$$= \frac{1000 \times 8 \times 2.32}{11.78(2.32 - 1)} + \frac{0.35 \times 9.8 \times 11.78^2}{9.8} = 1241.69 \text{N}$$

[답] 1241.69N

(3) 벨트의 길이 L(mm)?(벨트는 바로 걸기이다.)

$$L = 2c + \frac{\pi(D_1 + D_2)}{2} + \frac{(D_2 - D_1)^2}{4c}$$

$$= 2 \times 1800 + \frac{\pi(150 + 750)}{2} + \frac{(750 - 150)^2}{4 \times 180} = 5063.72 \text{mm}$$

[답] 5063.72mm

16

언더컷 방지법 3가지를 서술하라.

1. 전위기어를 사용한다.　　2. 속비를 줄인다.
3. 한계 이수 이상으로 설계한다.　　4. 압력각을 크게한다.

17

지름(D) 90mm인 축을 볼트(Z) 8개의 클램프커플링으로 체결하였다.
축(N)이 120rpm, H 36.8kW의 동력을 받을 때 다음을 구하라.
(단, 마찰계수(μ)는 0.25이고, 마찰력만으로 동력을 전달하고 있다.)

(1) 클램프가 축을 누르는 힘은 몇 N인가?

$$W = 974 \times \frac{H}{N} \times 9.8 \times \frac{2}{\pi \mu D} = 974 \times \frac{36.8}{129} \times 9.8 \times \frac{2}{\pi \times 0.25 \times 0.09} = 82822.67 \text{N}$$

[답] 82822.67N

(2) 볼트 지름은 몇 mm인가?
(단, 볼트의 허용인장응력(σ_b)은 142.1MPa이다.)

$$d = \sqrt{\frac{8w}{\pi \sigma z}} = \sqrt{\frac{8 \times 82822.67}{\pi \times 142.1 \times 10^6 \times 8}} \times 10^3 = 13.62 \text{mm}$$

[답] 13.62mm

18

평벨트 바로걸기 전동에서 지름이 각각 150mm, 450mm의 풀리가 2m 떨어진 두 축 사이에 설치되어 1800rpm으로 5kW를 전달할 때 다음을 계산하라. 벨트의 폭과 두께를 140mm, 5mm, 벨트의 단위 길이당 무게는 $w=0.001$bh$(\text{kg/mm}^2 \cdot \text{m})$, 마찰계수는 0.25이다.

(1) 유효장력 Pe는 몇 N인가?

해설
$$V = \frac{\pi D_1 N_1}{60 \times 1000} = \frac{\pi \times 150 \times 1800}{60 \times 1000} = 14.13 \text{m/s}$$
$$Pe = \frac{H}{V} = \frac{5 \times 1000}{14.13} = 353.86 \text{N}$$

[답] 353.86N

(2) 긴장측 장력과 이완측 장력은 몇 N인가?

해설
$$\theta_1 = 180 - 2\sin^{-1}\frac{D_2 - D_1}{2C} = 180 - 2\sin^{-1}\frac{450 - 150}{2 \times 2000} = 171.40°$$

$$e^{\mu\theta} = e^{0.25 \times 171.40 \times \frac{\pi}{180}} = 2.11$$

$$T_t = Pe\frac{e^{\mu\theta}}{e^{\mu\theta}-1} + \frac{wv^2}{g}$$
$$= 353.86 \times \frac{2.11}{2.11-1} + \frac{0.001 \times 140 \times 5 \times 9.8 \times 14.13^2}{9.8 \text{m/s}^2}$$
$$= 672.65 + 139.76 = 812.41 \text{N}$$

$$T_s = Pe\frac{1}{e^{\mu\theta}-1} + \frac{wv^2}{g}$$
$$= 353.86 \frac{1}{2.11-1} + \frac{0.001 \times 140 \times 5 \times 9.8 \times 14.13^2}{9.8} = 458.4 \text{N}$$

[답] 812.41N, 458.4N

(3) 벨트의 의하여 축이 받는 최대 힘(W)은 몇 N인가?

해설
$$W = \sqrt{T_t^2 + T_s^2 - 2T_t T_s \cos\theta}$$
$$= \sqrt{812.41^2 + 458.4^2 - 2 \times 812.41 \times 458.4 \times \cos 171.4} = 1267.5 \text{N}$$

[답] 1267.5N

19

그림과 같이 전동기와 플랜지 커플링으로 연결된 평벨트 전동장치가 있다. 원동풀리의 접촉각은 170로 35kW, 1200rpm을 바로걸기로 종동풀리에 전달하고 있으며 플랜지 커플링의 볼트 전단응력은 19.6MPa, 볼트의 피치원 직경 80mm, 볼트 수 4개일 때 다음을 구하라.

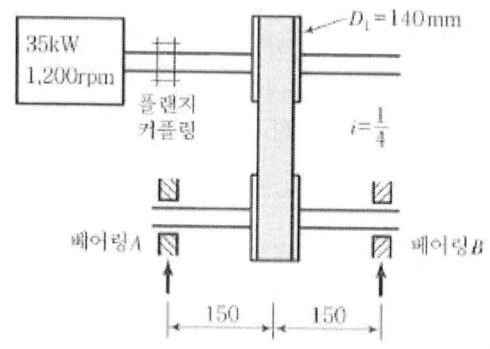

(1) 플랜지 커플링의 볼트지름은 몇 mm인가?

$$T = \frac{60 \times 1000 \text{kW}}{2\pi N} = \frac{60 \times 1000 \times 35}{2\pi 1200} = 278.52 \text{N} \cdot \text{m}$$

$$T = \tau \frac{\pi \delta^2}{4} Z \frac{D}{2} \text{에서}$$

$$\delta = \sqrt{\frac{8T}{\tau \pi Z D}} = \sqrt{\frac{8 \times 278.52 \times 10^3}{19.6\pi \times 4 \times 80}} = 10.63 \text{mm}$$

[답] 10.63mm

(2) 긴장측 장력은 몇 N인가?
(단, 벨트 풀리를 운전하는데 마찰계수는 0.2이다.)

$$e^{\mu\theta} = e^{0.2 \times 170 \times \frac{\pi}{180}} = 1.81$$

$$V = \frac{\pi \times 140 \times 1200}{60 \times 1000} = 8.79 \text{m/s}$$

$$H = T_t \frac{e^{\mu\theta} - 1}{e^{\mu\theta}} \times V \text{에서}$$

$$T_t = \frac{He^{\mu\theta}}{(e^{\mu\theta} - 1)V} = \frac{32 \times 10^3 \times 1.81}{(1.81 - 1) \times 8.79} = 8897.6 \text{N}$$

[답] 8897.6N

(3) 베어링 A에 걸리는 베어링 하중은 몇 N인가?
(단, 풀리의 자중은 637N이고 장력과 직각방향이다.)

해설

$T_s = \dfrac{T_t}{e^{\mu\theta}} = \dfrac{8897.6}{1.81} = 4915.8\text{N}$

합력 $W = \sqrt{T_t^2 + T_s^2 + 2T_t T_s \cos\alpha}$
$= \sqrt{8897.6^2 + 4915.8^2 + 2 \times 8897.6 \times 4915.8 \times \cos(190 - 180)}$
$= 13765\text{N}$

$F = \sqrt{W^2 + 637^2} = \sqrt{13765^2 + 637^2} = 13779.73\text{N}$

베어링 하중 $P_A = \dfrac{13779.73}{2} = 6889.87\text{N}$

[답] 6889.87N

(4) 베어링의 동정격하중은 몇 kN인가?
(단, 베어링은 볼 베어링으로 수명시간은 60000시간이고
하중계수는 1.8이다.)

해설

$L_h = 500 \left(\dfrac{C}{f_w P_A}\right)^3 \dfrac{4 \times 33.3}{1200}$

$C = f_w P_A \sqrt[3]{\dfrac{L_h \times 12000}{500 \times 4 \times 33.3}} = 1.8 \times 6889.97 \sqrt[3]{\dfrac{60000 \times 1200}{500 \times 4 \times 33.3}}$
$= 127284.62\text{N}$

[답] 127.28kN

20

복렬 자동조심 롤러베어링의 접촉각(α) 25°, 래이디얼 하중(F_r) 2kN, 스러스트하중(F_e) 1.6kN이며, 1500rpm으로 60000hr의 베어링 수명을 갖는다. 하중계수가 1.2일 때 다음을 계산하라. 하중은 내륜회전하중이다.

[베어링의 계수 V, X 및 Y 값]

베어링 형식		내륜회전하중	외륜회전하중	단열		복렬				e
				$F_e/VF_r >$		$F_e/VF_r \leq e$		$F_e/VF_r > e$		
		V		X	Y	X	Y	X	Y	
깊은 홈 볼 베어링	F_a/C_0 =0.014	1	1.2	0.56	2.3	1	0	0.56	2.30	0.19
	=0.028				1.99				1.99	0.22
	=0.056				1.71				1.71	0.26
	=0.084				1.55				1.55	0.28
	=0.11				1.45				1.45	0.30
	=0.17				1.31				1.31	0.34
	=0.28				1.15				1.15	0.38
	=0.42				1.04				1.04	0.42
	=0.56				1.00				1.00	0.44
앵귤러 볼 베어링	α=20°	1	1.2	0.43	1.00	1	1.09	0.70	1.63	0.57
	=25°			0.41	0.87		0.92	0.67	1.41	0.68
	=30°			0.39	0.76		0.78	0.63	1.24	0.80
	=35°			0.37	0.56		0.66	0.60	1.07	0.95
	=40°			0.35	0.57		0.55	0.57	0.93	1.14
자동 조심 롤러 베어링		1	1	0.4	0.4× cotα	1	0.42× cotα	0.65	0.65× cotα	1.5× tanα
매그니토 볼 베어링		1	1	0.5	2.5	-	-	-	-	0.2
자종 조심 볼 베어링 원추 롤러 베어링 $\alpha \neq 0$		1	1.2	0.4	0.4× cotα	1	0.45× cotα	0.67	0.67× cotα	1.5× tanα

(1) 등가레이디얼하중은 몇 N인가?

해 설

$1.5 \tan \alpha = 1.5 \times \tan 25° = 0.7$

$\dfrac{F_e}{VF_r} = \dfrac{1.5}{1 \times 2} = 0.75$

$X = 0.65 \quad Y = 0.65 \cot \alpha = 0.65 \times \dfrac{1}{\tan 25} = 1.39$

$P_r = XVF_r + YF_e = 0.65 \times 1 \times 2 + 1.39 \times 1.5 = 3385\text{N}$

[답] 3385N

(2) 베어링의 기본동정격하중은 몇 N인가?

$$L_h = 500\left(\frac{C}{f_w P_r}\right)^{\frac{10}{3}} \frac{33.3}{N}$$

$$C = f_w P_r \left(\frac{L_h W}{500 \times 33.3}\right)^{\frac{3}{10}}$$

$$= 1.2 \times 3385 \times \left(\frac{60000 \times 1500}{500 \times 33.3}\right)^{\frac{3}{10}} = 53528.91\text{N}$$

[답] 53528.91N

21

웜기어 장치에서 웜의 피치가 31.4mm, 4줄나사이며 피치원 지름이 64mm, 웜의 회전수 900rpm으로 22kW를 전달한다. 압력각이 14.5°, 마찰계수가 0.1일 때 다음을 구하라.

(1) 웜의 리드각 β는 몇 도 인가?

$$\beta = \tan^{-1}\left(\frac{Z_w P}{\pi d}\right) = \tan^{-1}\left(\frac{4 \times 31.4}{\pi \times 64}\right) = 32.01°$$

[답] 32.01°

(2) 웜의 피치원에 작용하는 접선력은 몇 N인가?

$$T = \frac{60 \times 1000 \text{kW}}{2\pi N} = \frac{60 \times 1000 \times 22}{2\pi \times 900} = 233.43 \text{N} \cdot \text{m}$$

$$T = P \cdot \frac{d}{2} \quad P = \frac{2T}{d} = \frac{2 \times 233.43 \times 10^3}{64} = 7294.69\text{N}$$

[답] 7294.69N

(3) 웜 휠에 작용하는 접선력은 몇 N인가?

$$\rho' = \tan^{-1}\frac{\mu}{\cos\alpha} = \tan^{-1}\frac{0.1}{\cos 14.5} = 5.9°$$

$$F_a = \frac{P}{\tan(\beta + \rho')} = \frac{7294.69}{\tan(32.01 + 5.9)} = 9367.07\text{N}$$

[답] 9367.07N

22

150rpm으로 회전하는 양단지지 축의 중앙에 100kN의 하중이 작용한다. 저널의 허용굽힘응력이(σ) 60MPa이며 허용베어링 압력은 8MPa이고 허용압력 속도계수$[(Pv)_a]$는 3.3MPa·m/s이다. 다음을 구하시오.

(1) 저널의 길이 l[mm]과 지름 d[mm]를 5단위로 구하시오.

$$d = \frac{100 \times 10^3}{2 \times 8 \times l} = \frac{6250}{l}$$

$$\sigma = \frac{32 \times 100 \times 10^3 l}{\pi d^3 4} = \frac{32 \times 100^3 l^4}{\pi 6250^3 \times 4}$$

$$l = \sqrt{\frac{\pi \times 6250^3 \times 4 \times 60}{32 \times 100 \times 10^3}} = 87.09 = 90$$

$$d = \frac{100 \times 10^3}{2 \times 8 \times l} = \frac{100 \times 10^3}{2 \times 8 \times 90} = 69.44 = 70$$

[답] $l = 90$mm, $d = 70$mm

(2) 안정성을 검토하시오.

$$PV = \frac{100 \times 10^3}{2 \times l} \frac{\pi \times 150}{60 \times 1000} = \frac{100 \times 10^3}{2 \times 90} \times \frac{\pi \times 150}{60 \times 1000}$$
$$= 4.36 \text{MPa} \cdot \text{m/s}$$

$4.36 > 3.3 = (Pv)_a$

[답] 불안정

23

축지름 60mm의 클램프 커플링에서 M14-2 볼트 4개를 사용할 때 다음을 구하시오.
(단, 축의 허용전단응력은 45MPa이고 마찰계수는 0.2이다.)

미터 보통 나사(KS B 0211)

나사의 호칭			피치 (p)	접촉높이 (H_s)	암나사		
					골지름(D)	유효지름(D_2)	안지름(D_1)
					수나사		
1	2	3			바깥지름(d)	유효지름(d_2)	골지름(d_1)
		M9	1.25	0.677	9.000	8.188	7.647
M10			1.5	0.812	10.000	9.026	8.376
		M11	1.5	0.812	11.000	10.026	9.376
M12			2.75	0.947	12.000	10.863	10.106
	M14		2	1.083	14.000	12.701	11.835
M16			2	1.083	16.000	14.701	13.835
	M18		2.5	1.353	18.000	16.376	15.294
M20			2.5	1.353	20.000	18.376	17.294
	M22		2.5	1.353	22.000	20.376	19.294
M24			3	1.624	24.000	22.051	20.752
	M27		3	1.624	27.000	22.051	23.752
M30			3.5	1.894	30.000	22.727	26.211
	M33		3.5	1.894	33.000	30.727	29.211
M36			4	2.165	36.000	33.402	31.670

(1) 축 토크[KJ]

해설

$$45 \times 10^6 \times \frac{\pi \times 0.06^3}{16} \times 10^{-3} = 1.91 \text{kJ}$$

(2) 볼트 1개의 작용력(Q) [N]

해설

$$T = \pi \mu W \cdot \frac{d}{2} = \pi \mu Q \cdot \frac{Z}{2} \cdot \frac{d}{2}$$

$$1.91 \times 10^3 = \pi \times 0.2 \times \frac{4 \times Q}{2} \times \frac{0.06}{2}$$

$$Q = \frac{2 \times 2 \times 1.91 \times 10^3}{\pi \times 0.2 \times 4 \times 0.06}$$

$$= 50664 N$$

(3) 골지름 수직응력 (σ_t)

해설

$$\sigma_t = \frac{Q}{\frac{\pi}{4}d_1^2} = \frac{50664 \times 4}{\pi \times 11.835^2} = 460.55 \text{MPa}$$

24

그림과 같은 코터 이음에서 축에 작용하는 인장하중 50kN, 축의 지름 100mm, 로드의 지름 80mm, 코터의 두께 25mm, 코터의 폭 100mm, 소켓의 바깥지름 150mm이다. 다음을 구하시오.

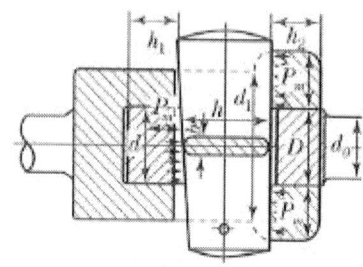

(1) 로드의 코터 구멍 측면의 압축응력 σ_1[MPa]

해설
$$\sigma_1 = \frac{50 \times 10^3}{80 \times 25} = 25 \mathrm{MPa}$$

[답] 25MPa

(2) 소켓의 코터에 접하는 부분의 압축응력 σ_2[MPa]

해설
$$\sigma_2 = \frac{50 \times 10^3}{(150-80) \times 25} = 28.57 \mathrm{MPa}$$

[답] 28.57MPa

25

호칭지름 60mm, 피치 4mm의 한 줄 사각나사의 잭으로 20kN의 하중을 올리려고 한다. 다음 사항을 구하시오.(단, 마찰계수는 0.1, 접촉 허용 면압은 2MPa이다.)

(1) 최대주응력(σ_{max})[MPa]

$d_1 = d - P = 60 - 4 = 54$, $d_2 = d - \dfrac{P}{2} = 60 - 2 = 58$

$T = W\dfrac{P + \mu\pi d_2}{\pi d_2 - \mu P} \cdot \dfrac{d_2}{2} = 20 \times 10^3 \dfrac{4 + 0.1 \times \pi \times 58}{\pi \times 58 - 0.1 \times 4} \times \dfrac{58}{2}$
$= 70888 \text{N} \cdot \text{mm}$

$\tau = \dfrac{16T}{\pi d_1^3} = \dfrac{16 \times 70888}{\pi \times 56^3} = 2.06 \text{MPa}$

$\sigma = \dfrac{4W}{\pi d_1^2} = \dfrac{4 \times 20 \times 10^3}{\pi \times 56^2} = 8.12 \text{MPa}$

$\sigma_{max} = \dfrac{\sigma}{2} + \sqrt{\left(\dfrac{\sigma}{2}\right)^2 + \tau^2} = \dfrac{8.12}{2} + \sqrt{\left(\dfrac{8.12}{2}\right)^2 + 2.06^2} = 8.61 \text{MPa}$

[답] 8.61MPa

(2) 너트의 높이(H)[mm]

$H = \dfrac{Wp}{\pi d_2 h q} = \dfrac{20 \times 10^3 \times 4}{\pi \times 58 \times \dfrac{4}{2} \times 2} = 109.76 \text{mm}$

[답] 109.76mm

26

내륜회전 단열 깊은 홈 볼 베어링(6310)을 사용하여 800rpm으로 스러스트 하중 1200N, 레이디얼 하중 2500N을 받을 시 다음 물음에 답하시오.(단, 하중계수(f_w)는 0.8, 기본정격하중(C_0)은 20000N이고 기본동정격하중(C)은 18000N이다.)

베어링의 계수 V, X 및 Y값

베어링 형식		내륜회전하중	외륜회전하중	단열		복렬				e
				$F_e/VF_r >$		$F_e/VF_r \leq e$		$F_e/VF_r > e$		
		V		X	Y	X	Y	X	Y	
깊은 홈 볼 베어링	F_a/C_0	1	1.2	0.56		1	0	0.56		
	=0.014				2.3				2.30	0.19
	=0.028				1.99				1.99	0.22
	=0.056				1.71				1.71	0.26
	=0.084				1.55				1.55	0.28
	=0.11				1.45				1.45	0.30
	=0.17				1.31				1.31	0.34
	=0.28				1.15				1.15	0.38
	=0.42				1.04				1.04	0.42
	=0.56				1.00				1.00	0.44
앵귤러 볼 베어링	$\alpha=20°$	1	1.2	0.43	1.00	1	1.09	0.70	1.63	0.57
	=25°			0.41	0.87		0.92	0.67	1.41	0.68
	=30°			0.39	0.76		0.78	0.63	1.24	0.80
	=35°			0.37	0.56		0.66	0.60	1.07	0.95
	=40°			0.35	0.57		0.55	0.57	0.93	1.14
자동 조심 롤러 베어링		1	1	0.4	0.4× cot α	1	0.42× cot α	0.65	0.65× cot α	1.5× tan α
매그니토 볼 베어링		1	1	0.5	2.5	-	-	-	-	0.2
자동 조심 볼 베어링 원추 롤러 베어링 $\alpha \neq 0$		1	1.2	0.4	0.4× cot α	1	0.45× cot α	0.67	0.67× cot α	1.5× tan α

(1) 등가 레이디얼 하중(P_r)[kN]

[해설]

$$\frac{F_a}{C_0} = \frac{1200}{20000} = 0.06 \quad e = 0.26$$

$$\frac{F_a}{VF_r} = \frac{1200}{1 \times 2500} = 0.48 > 0.26$$

$$P_r = XVF_r + YF_a = (0.56 \times 1 \times 2500 + 1.71 \times 1200) \times 10^{-3}$$
$$= 3.45 \text{kN}$$

[답] 3.45kN

(2) 수명시간(L_h)[hr]

$$L_h = 500\left(\frac{C}{f_w P_r}\right)^3 \frac{33.3}{N} = 500 \times \left(\frac{18}{0.8 \times 3.45}\right)^3 \frac{33.3}{800} = 5773.17\text{hr}$$

[답] 5773.17hr

27

스팬의 길이(l) 1500mm, 강판의 너비(b) 80mm, 두께(h) 20mm, 판의 수 5개이고 허리조임(e) 100mm의 겹판스프링이 하중(W) 5000N을 받고 있을 때 다음 사항을 구하시오. (단, 마찰계수 (μ)는 0.2 종탄성계수 (E)는 20GPa이다.)

(1) 허용굽힘응력 σ_b[MPa]

$$\sigma_b = \frac{3W(l-0.6e)}{2nbh^2} = \frac{3 \times 5000 \times (1500 - 0.6 \times 100)}{2 \times 5 \times 80 \times 20^2} = 67.5\text{MPa}$$

[답] 67.5MPa

(2) 처짐(δ)[mm]

$$\delta = \frac{3W(l-0.6e)^3}{8nbh^3 E} = \frac{3 \times 5000(1500 - 0.6 \times 100)^3}{8 \times 5 \times 80 \times 20^3 \times 20} = 87.48\text{mm}$$

[답] 87.48mm

(3) 고유진동수(f)[Hz]

$$f = \frac{1}{2\pi}\sqrt{\frac{g}{\delta}} = \frac{1}{2\pi}\sqrt{\frac{980}{8.748}} = 1.68\text{Hz}$$

[답] 1.68Hz

28

전달동력 10kW, 1400rpm의 전동기가 벨트에 연결되어 있다. 축 간 거리는 3m이며, 평행걸기로 종동축에 400rpm으로 전달하고, 원동풀리의 지름은 300mm, 마찰계수는 0.2이며 벨트의 무게는 1m당 2N이다. 다음 사항을 구하시오.

(1) 벨트의 속도[m/s]

$$\frac{\pi \times 300 \times 1400}{60 \times 1000} = 21.99 \text{m/s}$$

[답] 21.99m/s

(2) 원동풀리 접촉각(θ)[rad]

$$D_2 \frac{300 \times 1400}{400} = 1050$$

$$\theta = \left(180 - 2\sin^{-1}\frac{1050 - 300}{2C}\right)\frac{\pi}{180} = 2.89 \text{rad}$$

[답] 2.89 rad

(3) 부가장력(T_g)[N]

$$T_g = \frac{2 \times 21.99^2}{9.8} = 98.69 \text{N}$$

[답] 98.69N

(4) 긴장 측 장력(T_t)[N]

$$T_t = \frac{kWe^{\mu\theta}}{(e^{\mu\theta}-1)V} + T_g = \frac{10 \times 10^3 \times e^{0.2 \times 2.89}}{(e^{0.2 \times 2.89}-1) \times 21.99} + 98.69$$
$$= 1136.45 \text{N}$$

[답] 1136.45N

(5) 벨트의 길이(L)[mm]

$$L = 2 \times 3000 + \frac{\pi(300+1050)}{2} + \frac{(1050-300)^2}{4 \times 3000} = 8167.45 \text{mm}$$

[답] 8167.45mm

○ ENGINEER CONSTRUCTION EQUIPMENT

부록 II

공식 모음

부록 II 공식 모임

1. 마찰차

- $i = \dfrac{w_B}{w_A} = \dfrac{N_B}{N_A} = \dfrac{D_A}{D_B}$

- A(외접 : 중심거리)

  $= \dfrac{D_A + D_B}{2} = \dfrac{D_B(1+i)}{2}$

  $\therefore D_B = \dfrac{2A}{1+i}$

- A(내접 : 중심거리)

  $= \dfrac{D_A - D_B}{2} = \dfrac{D_B(i-1)}{2}$

  $\therefore D_B = \dfrac{2A}{i-1}$

[참고
기어나 마찰차는 T로 풀지 말고, H_{kW}로 푸는 것이 좋다.]

- $H_{kW} = FV = \mu WV$

- $V_A = V_B = \dfrac{\pi D_A N_A}{60 \times 1000} = \dfrac{\pi D_B N_B}{60 \times 1000}$

① 원추마찰차

  $W[\text{N}] = q \cdot b$

  $\therefore q = \dfrac{W}{b}[\text{N/m}]$

  $i = \dfrac{D_A}{D_B} = \dfrac{\sin\alpha}{\sin\beta} = \dfrac{\sin\alpha}{\sin(\theta-\alpha)}$

  (가) $\tan\alpha = \dfrac{\sin\theta}{\dfrac{1}{i}+\cos\theta}$

  (나) $\tan\beta = \dfrac{\sin\theta}{i+\cos\theta}$

  $\theta = 90°$ 이면

  $\tan\alpha = \dfrac{N_B}{N_A}$ $\tan\beta = \dfrac{N_A}{N_B}$

② 홈 마찰차

  $T = \mu Q \dfrac{D}{2} = \mu' W \dfrac{D}{2}$

  $\left(\mu' = \dfrac{\mu}{\mu\cos\alpha + \sin\alpha}, Q = \dfrac{W}{\mu\cos\alpha + \sin\alpha}\right)$

  여기서, α: 반쪽각

  $H_{kW} = FV = \mu QV = \mu' WV$

  $q \cdot 2l = Q,\ h = 0.94\sqrt{\mu' P}$ (P는 전체 힘)

  $h = l\cos\alpha,\ l = \dfrac{h}{\cos\alpha}$ 에서

  $\dfrac{2qh}{\cos\alpha} = Q$

  L(전접촉길이) $= 2hZ$ 에서

  $Z = \dfrac{L}{2h} = \dfrac{F}{2hq}$

2. 축

① $T = PR = \tau Z_p = 716.2 \dfrac{H_{PS}}{N} \times 9.8$

   $= 974 \dfrac{H_{kW}}{N} \times 9.8 [\text{N} \cdot \text{m}]$

② $\sigma = \dfrac{M}{Z} = \dfrac{32M}{\pi d^3}$

③ $M = \sigma \dfrac{\pi d_2^3}{32}(1-x^4) \left(\therefore x = \dfrac{d_1}{d_2} \right)$

④ M_e(상당 굽힘 모멘트)

$$= \dfrac{1}{2}(m + \sqrt{M^2+T^2})$$

T_e(상당 굽힘 모멘트) $= \sqrt{M^2+T^2}$

⑤ k_m, k_t(동적 효과계수가 있는 경우)

$$M_e = \dfrac{1}{2}(k_m M + \sqrt{(k_m M)^2 + (k_t T)^2})$$

$$T_e = \sqrt{(k_m M)^2 + (k_t T)^2}$$

⑥ $d = \sqrt[3]{\dfrac{16T_e}{\tau\pi}}$, $d = \sqrt[3]{\dfrac{32M_e}{\sigma\pi}}$

축 지름은 전단과 인장을 고려하여 구한 값 중 큰 값을 선택한다.

⑦ $\theta = \dfrac{Tl}{GI_P} \times \dfrac{180}{\pi}[\degree]$, $\delta = \dfrac{l}{3000}$

⑧ 바하의 축공식

$$d = 120\sqrt[4]{\dfrac{H_{PS}}{N}} = 130\sqrt[4]{\dfrac{H_{kW}}{N}}\,[\text{mm}]$$

⑨ 축의 위험속도

[자중 무시, 1개의 회전체로 중앙집중하중]

- ω_c(위험 각속도) $= \dfrac{2\pi N_c}{60}$

- N_c(축의 위험 회전수)

$$= \dfrac{30}{\pi}\sqrt{\dfrac{g}{\delta}} \fallingdotseq 300\sqrt{\dfrac{1}{\delta}}\,[\text{cm}]$$

- $\delta = \dfrac{Wl^3}{48EI}$

[자중과 하중 고려시]

Dunkerley의 실험공식

$$\dfrac{1}{N_{cr}^2} = \dfrac{1}{N_0^2} + \dfrac{1}{N_1^2} + \dfrac{1}{N_2^2} + \cdots$$

- $N_0 = 654\dfrac{d^2}{l^2}\sqrt{\dfrac{E}{w}}$

  여기서, $w : \text{N/cm}$

- $N_1 = 114.6d^2\sqrt{\dfrac{E(a+b)}{Wa^2b^2}}$

⑩ 축길이

- $l = 100\sqrt{d}$ (Stiffness)

- $l \leq 45\sqrt[3]{d^2}$ (Hardness : $\theta = \dfrac{Tl}{GI_P}$)

3. 키와 핀

① 키 : 상대운동을 방지하면서 회전력을 전달시키는 체결용 요소

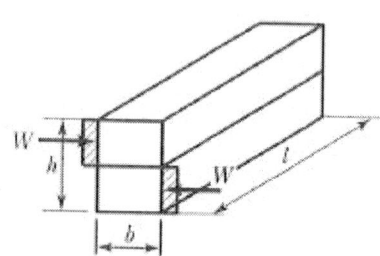

(가) $T = W\dfrac{d}{2}$

$\therefore W = \dfrac{2T}{d}$

(나) $\tau = \dfrac{W}{A} = \dfrac{W}{bl} = \dfrac{2T}{dbl}$

여기서, τ : 전단응력

(다) $\sigma = \dfrac{W}{A} = \dfrac{W}{\dfrac{h}{2} \cdot l} = \dfrac{4T}{dhl}$

여기서, σ : 압축응력

(라) $T = \tau Z_p = \tau \dfrac{\pi d^3}{16} = qtl\dfrac{d}{2}$

$q = \dfrac{2T}{tld} = \dfrac{4T}{hld}$

여기서, q : 측압(Pa)

　　　　l : 1.5d

　　　　t : 묻힘깊이($h = 2t$)

[스플라인 키]

$T = PR = qAZR$

$= \tau \dfrac{\pi d^3}{16} = q(h-2C)lZ\dfrac{d_1+d_2}{4}$

② 핀

(가) 핀의 굽힘

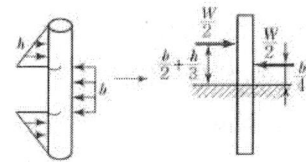

$M = \sigma Z$

$M = \dfrac{W}{2}\left(\dfrac{b}{2} + \dfrac{h}{3}\right) - \dfrac{W}{2}\dfrac{b}{4}$

$= \dfrac{Wb}{4} + \dfrac{Wh}{6} - \dfrac{Wb}{8}$

$= \dfrac{Wb}{8} + \dfrac{Wh}{6}$

$W\left(\dfrac{b}{8} + \dfrac{h}{6}\right) = \sigma Z$

$\therefore W = \dfrac{\sigma Z}{\dfrac{b}{8} + \dfrac{h}{6}} = \dfrac{\sigma 32}{\pi d^3\left(\dfrac{b}{8} + \dfrac{h}{6}\right)}$

(나) 핀의 면압

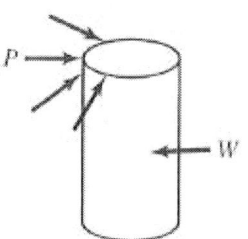

- $\dfrac{Wl}{8} = \sigma \dfrac{\pi d^3}{32}$

$\therefore \sigma = \dfrac{4W}{\pi d^3}$, $b = md$

여기서, l : 핀과 이음과의 총접촉길이

　　　　　($l = 2b$)

　　　　　$m = 1 \sim 1.5$

- $W = Pdb = mPd^2$

$\therefore d = \sqrt{\dfrac{W}{mP}}$

여기서, W : 하중(N)

　　　　d : 핀의 지름(mm)

　　　　P : 회전 개소에 쓰이는 핀의 투영 면적에서의 면압력(Pa)

4. 베어링

$N[\mathrm{rpm}] = \dfrac{\mathrm{d}N}{\mathrm{d}}$

여기서, dN : 한계 속도지수

　　　　d : 안지름

　　　　N : 최대 회전수

① L_n(베어링의 계산수명)

$\left(\dfrac{C}{P}\right)^r \times 10^6 \, [\mathrm{rev}]$

② L_h (베어링의 수명시간)

$$= 500\left(\frac{C}{P}\right)^r \frac{33.3}{N} [\text{hr}]$$

③ 볼 베어링 : $r = 3$

④ 롤러 베어링 : $r = \frac{10}{3}$

여기서, C : 베어링이 받을 수 있는 하중(기본 동정격하중)

5. 축이음

① 원통 커플링

$$T = \pi\mu W \frac{d}{2} = \pi\mu q d \frac{l}{2} \frac{d}{2}$$

여기서, p : 허용면압(Pa)

l : 축과 원통의 접촉길이

$\frac{dl}{2}$: 투상면적

W : 원통을 졸라매는 힘(N)

- $p = \frac{2W}{dl}$

- $F(\text{마찰력}) = \pi\mu p \frac{dl}{2}$

② 클램프(분할 원통) 커플링

$$T = \pi\mu W \frac{d}{2} = \pi\mu Q \frac{Z}{2} \frac{d}{2}$$

여기서, Q : 볼트 1개에 작용하는 힘

Z : 볼트의 수

③ 플랜지 커플링

- $T = T_{B전단} + T_{마찰}$

- $\tau Z_p = \tau_B A Z \frac{d_B}{2} + \mu W \frac{d_f}{2}$

- $\tau_축 \frac{\pi d_축^3}{16} = \tau_B \frac{\pi \delta^2}{4} Z \frac{d_B}{2} + \mu Q Z \frac{d_f}{2}$

여기서, Q : 볼트 qro에 작용하는 인장력

Z : 볼트의 수

- 볼트 전단 위주로 설계

$$T = \tau_B \frac{\pi \delta^2}{4} Z \frac{d_B}{2}$$

- 마찰 위주로 풀 때

$$T = \mu Q Z \frac{d_f}{2} \left(\sigma = \frac{4Q}{\pi \delta^2}\right)$$

- 플랜지 뿌리에 생기는 전단응력

$T = PR = \tau 2\pi r t r$

$T_축 = \tau_f 2\pi r^2 t$

④ Jaw(맞물림) claw clutch

(가) 굽힘 모멘트에 의한 파괴 :
뿌리에 P_t가 작용

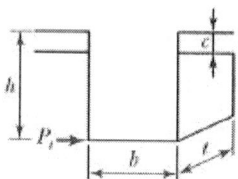

$$\sigma = \frac{M}{Z} = \frac{6P_t h}{tb^2} = \frac{24hT}{tb^2(D_2 + D_1)}$$

- $M = P_t h$

- $T = P_t Z \frac{D_2 + D_1}{4}$

$$P_t = \frac{4T}{Z(D_2 + D_1)}$$

(나) 비틀림 모멘트에 의한 파괴

$$T = \tau A \frac{D}{2}$$

$$= \frac{\pi r (D_2^2 - D_1^2)(D_2 + D_1)}{32}$$

$$= \tau \frac{\pi (D_2^2 - D_1^2)}{4} \frac{1}{2} \frac{(D_2 + D_1)}{4}$$

$$= \frac{\pi r (D_2 + D_1)^2 (D_2 - D_1)}{32}$$

(다) 측압 q에 의한 파괴

$$T = qARZ$$

$$= q(h-C)t \frac{D_2 + D_1}{4} Z$$

$$= q(h-C) \frac{(D_2 - D_1)}{2} \frac{(D_2 + D_1)}{4} Z$$

$$= \frac{q(h-C)(D_2 - D_1)Zt}{4}$$

⑤ 원판 클러치(단판)

$$T = \mu W \frac{Dm}{2}$$

$$= \mu q \frac{\pi (D_2^2 - D_2^2)}{4} \frac{D_m}{2}$$

$$= \mu qpi \frac{(D_2 + D_1)}{2} \frac{(D_2 - D_1)}{2} \frac{D_m}{2}$$

$$= \mu qpi D_m b \frac{D_m}{2}$$

(Z를 곱해주면 다판 클러치가 됨)

⑥ 원추 클러치

(가) $T = PR = \mu Q \frac{D}{2} = \mu' W \frac{D}{2}$

$$\left(Q = \frac{W}{\mu \cos\alpha + \sin\alpha}, \mu' = \frac{\mu}{\mu \cos\alpha + \sin\alpha} \right)$$

여기서, μ : 상당 마찰계수
　　　　(겉보기 마찰 계수)
α : 반원추각

(나) $T = \mu Q \frac{D_m}{2} = \mu' W \frac{D_m}{2} = \mu \pi D_m bq \frac{D_m}{2}$

여기서, D_m : 마찰면의 평균지름
　　　　b : 마찰면의 폭

(다) $D_m = \frac{D_1 + D_2}{2}, b = \frac{D_2 - D_1}{2}$

$$H_{kW} = FV = \mu Q \frac{\pi DN}{60 \times 1,000}$$

$(Q = \pi D_m bq)$

(라) 원추면의 경사각

$$\sin\alpha = \frac{D_2 - D_1}{2b}$$

6. 리벳이음

① 리벳전단 $\tau = \dfrac{W}{A} = \dfrac{4W}{\pi d^2}$

② 리벳의 효율 $\eta = \dfrac{n\pi d^2 \tau}{4\sigma pt}$

③ 강판의 가장자리 전단 $\tau = \dfrac{W}{A} = \dfrac{W}{2et}$

④ 강판의 효율 $\eta = \dfrac{p-d}{p}$

⑤ 리벳 구멍사이의 전단

$\tau = \dfrac{W}{A} = \dfrac{W}{(p-d)t}$

여기서, dt: 투상면적

⑥ 강판의 두께 $t = \dfrac{W}{\sigma d}$

[강판의 절개]

$M = \dfrac{Wd}{8}$, $Z = \dfrac{bh^2}{6} = \dfrac{t\left(e - \dfrac{d}{2}\right)^2}{6}$

$\sigma = \dfrac{M}{Z} = \dfrac{6Wd}{8t\left(e - \dfrac{d}{2}\right)^2}$

$W = \dfrac{8t\left(e - \dfrac{d}{2}\right)^2 \sigma}{6d} = \dfrac{8t(2e-d)^2 \sigma}{24d}$

$= \dfrac{t\sigma(2e-d)^2}{3d}$

[보일러 통의 두께 설계]

$t = \dfrac{PDS}{2\sigma\eta} \times 10^3 + C$

여기서, P: Pa

C: 부식여유(1mm)

맞대기인 경우 $n = 1.8 \times$ 줄수

[편심하중을 받는 리벳 이음]

- $F_1 = \dfrac{W}{Z}$

여기서, W: 하중, Z: 개수

- $\bar{y} = \dfrac{Z_1 y_1 + Z_2 y_2 + Z_3 y_3 + \cdots}{Z}$

- r을 구한다.

- $K = \dfrac{WL}{Z_1 r_1^2 + Z_2 r_2^2 + Z_3 r_3^3 + \cdots}$

- $F_2 = Kr$ (먼 거리를 곱한다.)

∵ 가장 큰 하중이 걸리므로

$F_{\max} = \sqrt{F_1^2 + F_2^2 + 2F_1 F_2 \cos\theta}$

∴ $\cos\theta = \dfrac{\text{중심까지수직길이}}{\text{가장 먼 리벳중심까지 거리}}$

- $\tau = \dfrac{4F_{\max}}{\pi d^2}$

∴ $d = \sqrt{\dfrac{4F_{\max}}{\tau\pi}}$

7. 용접이음

① $t = f\cos 45° = \dfrac{f}{\sqrt{2}}$

② σ_{max}(최대 주응력)
$= \dfrac{1}{2}\sigma + \dfrac{1}{2}\sqrt{\sigma^2 + 4\tau^2}$

③ τ_{max}(최대 주응력) $= \dfrac{1}{2} + \sqrt{\sigma 2 + 4\tau^2}$

축선이 편심되어 있는 인장부재의 필릿 용접 시 용접 길이

$l_1 = \dfrac{l}{x}x_1,\ l_2 = \dfrac{l}{x}x_2$

[L 형강 위에서 하중 작용 시]

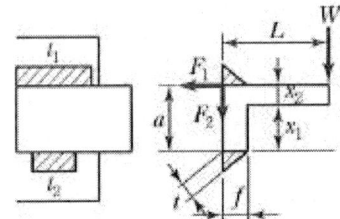

- $F_1 = \dfrac{WL}{a}$

- $F_2 = \dfrac{W}{2}$

- $F_{max} = \sqrt{F_1^2 + F_2^2}$

- $\tau = \dfrac{F_{max}}{tl_1} = \dfrac{\sqrt{2}\,F_{max}}{fl}$

[편심하중을 받는 필릿이음]
- 중심을 구한다
- $\tau_1 = \dfrac{W}{A} = \dfrac{W}{2t(l_1+l_4)} = \dfrac{\sqrt{2}\,W}{fl}$

여기서, l : 전체 길이

- r의 값(먼쪽)

- $\tau_2 = \dfrac{Tr}{tI_0}$

  $\therefore T = WL$

- $\tau_{max} = \sqrt{\tau_1^2 + \tau_2^2 + 2\tau_1\tau_2\cos\theta}$

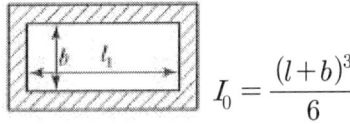 $I_0 = \dfrac{(l+b)^3}{6}$

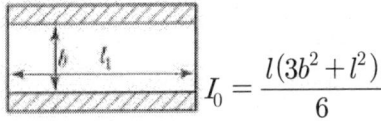 $I_0 = \dfrac{l(3b^2 + l^2)}{6}$

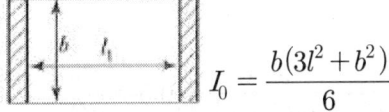 $I_0 = \dfrac{b(3l^2 + b^2)}{6}$

8. 나사

(′가 삽입 시 삼각 나사·사다리꼴 나사)

① $\tan\lambda = \dfrac{p}{\pi d_2}$

여기서, λ : 리드각

d_2 : 유효지름

② $\tan\rho = \mu,\ \tan\rho' = \mu' = \dfrac{\mu}{\cos\alpha}$

여기서, ρ : 마찰각

μ : 나사면의 마찰계수

α : 산각의 반각

③ $P = Q\tan(\lambda+\rho) = Q\dfrac{p+\mu\pi d_2}{\pi d_2 - \mu p}$

$P = Q\tan(\lambda+\rho') = Q\dfrac{p+\mu'\pi d_2}{\pi d_2 - \mu' p}$

여기서, P: 회전력

Q: 수직력

④ $T = Q\tan(\lambda+\rho)\dfrac{d_2}{2}$

$T = Q\tan(\lambda+\rho')\dfrac{d^2}{2}$

여기서, T: 회전토크

⑤ $P = Q\tan(\rho-\lambda)$

$P = Q\tan(rjp'-\lambda)$

$\therefore \rho \geq \lambda$

여기서, P: 푸는 경우의 힘

$\rho < \lambda$: 불안전

$\rho > \lambda$: 안전

$\rho = \lambda$: 자립(자결상태)

⑥ $\eta = \dfrac{QP}{2\pi T} = \dfrac{\tan\lambda}{\tan(\lambda+\rho)} \leq 0.5 = \dfrac{P_0}{P}$

여기서, P_0: 마찰이 없는 경우의 회전력

P: 마찰이 있는 경우의 회전력

⑦ 수직 하중만 작용 시 $d = \sqrt{\dfrac{2Q}{\sigma}}$

⑧ T와 Q 동시에 작용 시 $d = \sqrt{\dfrac{8Q}{3\sigma}}$

여기서, d: 바깥지름(호칭지름)

⑨ $H = np = \dfrac{Qp}{\pi d_2 hq}$

여기서, H: 너트의 깊이

q: 면압(Pa)

[스패너, 잭(SPaner, Jack)]

• $P_s L = Q\left\{\tan(\lambda+\rho)\dfrac{d_2}{2} + \mu_1 r\right\}$

여기서, μ_1: 마찰면의 마찰계수

r: 마찰면의 평균지름

• M나사=미터 보통나사(삼각나사)

$\therefore \alpha = 30°$ (산각 60°)

• TW나사

$\therefore \alpha = \dfrac{29°}{2}°$ (산각 29°)

9. 스프링(Spring)

① $\delta = \dfrac{64n WR^3}{Gd^4}$

② K(스프링 상수) $= \dfrac{W}{\delta} = \dfrac{Gd^4}{64nR^3}$

③ $U = \dfrac{P\delta}{2}$

④ $T = \tau Z_p$

$\therefore \tau = k\dfrac{PR}{Z_p} = k\dfrac{16PR}{\pi d^3}$

k(왈의 응력수정계수)

$k = \dfrac{4C-1}{4C-4} + \dfrac{0.615}{C}$

C (스프링 지수)

$C = \dfrac{D}{d}$

여기서, D: 전체지름

d: 소선지름

⑤ 겹판 스프링

$$\sigma = \frac{3}{2}\frac{Wl}{nbh^2},\ \delta = \frac{3}{8}\frac{Wl^3}{Enbh^3}$$

⑥ 죔쇠붙이(e)가 주어졌을 때 l값 대신 l'가 들어가야 한다.

$$l' = l - 0.6e$$

10. 벨트(Belt)

① L(벨트의 길이)

$$= 2C + \frac{\pi(D_1+D_2)}{2} + \frac{(D_2-D_1)^2}{4C}$$

② $\theta_1 = 180 + 2\phi = 180 + 2\sin^{-1}\frac{D_2-D_1}{2C}$

$\theta_2 = 180 - 2\phi = 180 - 2\sin^{-1}\frac{D_2-D_1}{2C}$

③ $T_t = P_e \dfrac{e^{\mu\theta}}{e^{\mu\theta}-1}$

$T_s = P_e \dfrac{1}{e^{\mu\theta}-1}$

④ 장력비 : $\dfrac{T_t}{T_s} = e^{\mu\theta}$

(θ : rad 값으로 들어가야 한다.)

⑤ $V > 10\text{m/s}$ 일 경우 원심력 고려

부가장력 $= \dfrac{\omega V^2}{g},\ \omega = \gamma A$

여기서, ω : N/m

(가) $T_t = P_e \dfrac{e^{\mu\theta}}{e^{\mu\theta}-1} + \dfrac{\omega V^2}{g}$

(나) $T_s = P_e \dfrac{1}{e^{\mu\theta}-1} + \dfrac{\omega V^2}{g}$

(다) $P_e = T_t - T_s$

⑥ 벨트의 폭

$$\sigma = \frac{T_t}{bh} + \frac{Eh}{d}$$

여기서, h : 줄어든 길이

D : 원래의 길이

E : 벨트의 종탄성계수

⑦ $Z = \dfrac{H_\text{전체}}{H_{PS}k_1 k_2}$

(가) V벨트에서는 μ가 μ'로 들어감

$$\mu' = \frac{\mu}{\mu\cos\alpha + \sin\alpha}$$

(나) V벨트의 접촉각

$\alpha = 20°$ (홈각의 반각)

11. 체인(Chain)

① L_n(링크 수)

$$= \frac{L}{P} = \frac{2C}{P} + \frac{Z_1+Z_2}{2}$$

$$+ \frac{0.0257P(Z_2-Z_1)^2}{C}$$

② $V = \dfrac{PN_1 Z_1}{60 \times 1000}$

③ D(피치원 지름) $= \dfrac{P}{\sin\dfrac{180}{Z}}$

④ D_k(이끝원 지름) $= 0.6P + \dfrac{P}{\tan\dfrac{180}{Z}}$

12. 기 어

① 평치차

- $P(\text{원주피치}) = \dfrac{\pi D}{Z}$

  여기서, D : 피치원 지름

- $m = \dfrac{D}{Z}$

- $PD(\text{지름 피치})$

  $= \dfrac{Z}{D}[\text{inch}] = \dfrac{\pi}{P}[\text{inch}]$

  $= \dfrac{25.4}{m}[\text{mm}]$

- $D_g(\text{기초원 지름})$

  $= D\cos\alpha = Z_m\cos\alpha = mZ\cos\alpha$

- $P_g(\text{기초원 피치}) = P_n(\text{법선 피치})$

  $= P\cos\alpha = \pi m\cos\alpha = \dfrac{\pi D_g}{Z}$

- $D_k(\text{바깥지름}) = D + 2a = m(Z+2)$

- $A(\text{중심거리}$

  $= \dfrac{D_1+D_2}{2} = \dfrac{m(Z_1+Z_2)}{2} = \dfrac{D_{g1}+D_{g2}}{2\cos\alpha}$

- $T = F\dfrac{D}{2}$

- $T = F_n\cos\alpha\dfrac{D}{2}$

- 10m/s 이하 : $f_v = \dfrac{3.05}{3.06+V}$

- 10m/s 이상 : $f_v = \dfrac{6.1}{6.1+V}$

- $F(\text{회전력}) = F_n\cos\alpha$

  $= F_v\sigma b\pi my(y\text{값 } 0.3 \text{ 이하})$

  $= F_v\sigma bm Y(y\text{값 } 0.3 \text{ 이상})$

  여기서, y : 치형계수

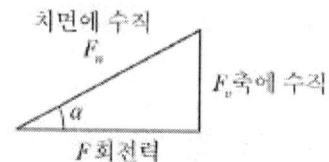

- 스퍼 기어에서의 면압강도

  $F = Kf_v bm\dfrac{2Z_1Z_2}{Z_1+Z_2}$

  Rack과 Pinion의 경우 언더컷 한계치수

  $Z_g = \dfrac{2a}{m\sin^2\alpha} = \dfrac{2}{\sin^2\alpha}$

② 헬리컬 기어

  $m_\text{축} = \dfrac{m_\text{치}}{\cos\beta}$

- 상당 스퍼 기어의 피치원 지름

  $D_e = \dfrac{D}{\cos^2\beta}$

- 상당 스퍼기어의 이수

  $Z_e = \dfrac{Z}{\cos^3\beta}$

- 헬리컬 기어의 면압공식

  $F = f_v\dfrac{C_w}{\cos^2\beta}Km_s b\dfrac{2Z_1Z_2}{Z_1+Z_2}$

- F값 중 가장 작은 값이 들어가야 한다.

  $H_{kW} = FV$

- 베어링에 걸리는 하중

  $F_R = \sqrt{F^2+F_V^2}$

③ 베벨 기어 : 베벨 기어의 식은 원추 마찰차를 생각한다.

F(굽힘 강도 회전력) $= f_v \sigma b P y \lambda$

여기서, λ : 베벨 기어 계수

- 면압강도

$F = 1.67 \sqrt{D_1} f_m f_v b$

여기서, f_m : 재료 계수
f_v : 사용기계 계수

$\therefore \lambda = \dfrac{L-b}{L}$

여기서, b : 치폭(사선길이)
L : 원추길이

- 베벨 기어 이끝원 지름

$D_{k_1} = mZ + 2m\cos\gamma_1$

- 베벨 기어 원추길이

$L = \dfrac{D}{2\sin\delta}$

④ 웜기어

$i = \dfrac{N_2}{N_1} = \dfrac{Z_w}{Z} = \dfrac{l}{\pi D}$

$\eta = \dfrac{nQp}{2\pi T}$

13. 브레이크

브레이크는 모멘트 원리로 푼다.

① $H_{kW} = FV = \mu WV$

② $\mu q V = \dfrac{\mu WV}{A}$

여기서, q : Pa

③ 밴드의 두께

$\sigma = \dfrac{T_t}{tb}$

$t = \dfrac{T_t}{\sigma b} = \dfrac{T_t}{\sigma r\theta}$

$b = r\theta$

여기서, σ : 밴드의 브레이크의 밴드허용응력
θ : 접촉각 ($b = r\theta$)

일반기계기사
건설기계설비(산업)기사 실기

	2019년 03월 11일	초판 인쇄
발행일	2021년 02월 01일	2판 인쇄
	2023년 08월 07일	재판 인쇄

저자 한홍걸
발행처 도서출판 한필

주소 강원특별자치도 원주시 배울로 27, 2호

PH 0507-1308-8101
E-mail hanpil7304@gmail.com
Youtube 도서출판 한필

저자와 동의하에 생략

· 이 책의 어느 부분도 저작권자나 발행인의 승인 없이 무단 복제하여 이용할 수 없습니다.
· 파본 및 낙장은 구입하신 서점에서 교환하여 드립니다.
· **도서출판 한필 홈페이지 : www.hanpil.co.kr**

정가 : 20,000

ISBN 979-11-89374-42-6

이 도서의 국립중앙도서관 출판예정도서목록(CIP)은 서지정보유통지원시스템
홈페이지(http://seoji.nl.go.kr)와 국가자료 공동목록시스템(http://www.nl.go.kr/kolisnet)에서
이용하실 수 있습니다.